电机学与电力电子技术
实验指导书

＋＋

主编 ⊙ 黎群辉
主审 ⊙ 危韧勇

中南大学出版社
www.csupress.com.cn
·长沙·

内容简介

本书按高等学校工业电气自动化专业教学委员会关于"电机学""电机与电力拖动基础"和"电力电子技术"的课程教学要求,以中南大学自动化学院和广东雅达电子股份有限公司联合研制的《电机与电力拖动实验装置》及中南大学自动化学院与浙江天煌一起研制的电力传动开放式综合实验平台为主线,详细介绍了"电机学""电机与电力拖动基础"和"电力电子技术"等课程在进行相关实验时,应掌握的基本概念、知识要点、基本要求、重点和难点,以及实验内容和能力考察范围。

本书是电气工程专业、机电一体化专业、测控与智能专业、自动化专业及其他电气类、自动化类专业大中专学生的"电机学""电机与电力拖动基础""电力电子技术"和"半导体变流技术"等课程的实验教学用书。该书既可帮助学生加深对教材内容的理解和掌握,也对提高大学生的动手能力和复杂工程认证能力起到积极的推动作用,还可为从事该课程的教学老师、实验指导老师和实验技术人员提供教学及实验参考,对从事电机学、电机与拖动、电力电子技术、机电一体化工作的工程技术人员亦可作为参考。

前　言

　　实验教学是一种知识与能力、理论与实践相结合的教学活动，是验证和巩固所学理论、训练实践技能、培养求实和严谨的科学作风的重要环节。

　　随着新时代工程素质教育的不断深入和工程认证能力要求的提高，高校实验教学的观念也在逐渐更新，实验教学的主要目的不再是以验证理论为主，而是从理论与实践相结合的高度来加深学生对客观世界的认识，使学生在实验的基本知识、基本方法和基本技能等方面受到比较系统的全面训练，获得初步分析问题和解决问题的能力。通过实验，同学们能了解从事科学研究的一般方法，培养严谨认真、实事求是的科学态度和工作作风。通过实验，进一步提高同学们的开拓精神和创新能力以及工程认证能力。

　　创新是一个民族进步的灵魂，创新是一个国家发展的不竭动力。这些年来，随着电力电子技术、微计算机技术的不断发展和设备的不断更新，不少新的理论研究成果已引入到电机及电力拖动课程的实验教学中，为了适应我校教学改革的新形势，重点突出能力培养，作者认真研究、反复试验后精心编写了这本《电机学与电力电子技术实验指导书》，其适用于"电机学""电机及电力拖动"和"电力电子技术"等课程实验。本指导书体现了以综合性、设计性和创新性实验为主，验证性实验为辅的改革思想。它由各章节的知识要点、基本要求、重点难点、实验内容和能力考察范围组成。内容涵盖了上述三门课程的大部分教学内容，较全面地反映了"电机学""电机及电力拖动""电力电子技术"课程实验教学的要求，适合自动化专业、电气工程专业、测控与智能专业、机电一体化专业的本科学生对上述三门课程的实验教学，同样也适合中南大学升华班、高级工程人才实验班对相关课程的实验教学。书中每个实验都有明确的实验目的和要求、实验原理、任务与方法、实验仪器与设备、实验报告要求及思考题等，便于教师根据各专业学生对教学的不同要求安排实验和实验课前预习。

　　本书由长期在实验教学第一线的黎群辉担任主编，危韧勇教授担任全书主审。在编写过程中，徐德刚、黄志武、董密三位教授，张桂新、余明扬、王击及刘子建四位副教授也对本书相关章节进行了初审，并提出了许多宝贵建议，中南大学出版社韩雪编辑为本书的出版，几经改稿，反复校对，也付出了艰苦辛勤的劳动。在此，谨表示衷心感谢。

　　限于作者水平，书中错误和疏漏之处在所难免，恳请使用本书的老师和同学们多提意见，并批评指正。

编者

2020 年 7 月

目　录

第一篇　电机学/电机与拖动基础实验

第二篇　电力电子技术实验

第一篇

电机学/
电机与拖动基础实验

第 1 章

电机及电力拖动实验须知

1.1   电机及电力拖动实验规则

(1)实验前必须做好预习工作,抽问不通过者不准参加实验;

(2)学生必须在实验室指定地点进行实验,不得乱取仪表;

(3)柜体面板和仪表上不准用笔做记号;

(4)学生接完线经全组检查通过后再经教师检查,确认无误后,才能合上开关进行实验;

(5)仪表不得超过量程使用;

(6)实验完毕后将调压器左旋到位,电阻器右旋到位。把所有空气开关、电源开关断开,把所有连接导线从面板上取下,归类整理并放在抽屉里;

(7)安全用电。本实验室是强电实验室,室内到处有电,必须严格按照所学原理与操作规程进行规范操作,不得谈笑;

(8)实验室严禁吸烟;

(9)学生做出严重错误行为以致损坏教学设备的,必须负责赔偿,并呈请学校处理;

(10)学生必须服从教师及实验室工作人员指导。

1.2   电机及电力拖动实验基本要求

电机及电力拖动实验课的目的在于使学生掌握基本的实验方法与操作技能。学生能根据实验目的、实验内容及实验设备来拟定实验线路,选择所需仪表,确定实验步骤,测取所需数据,进行分析研究,得出必要结论,从而完成实验报告。学生在整个实验过程中,必须集中精力,及时认真地做好实验。现按实验过程对学生提出下列基本要求。

1.2.1   实验前的准备

实验前应复习教科书有关章节,认真研读实验指导书,了解实验目的、项目、方法与步骤,明确实验过程中应注意的问题(有些内容可到实验室对照实物预习,如熟悉组件的编号、使用及其规定值等),并按照实验项目准备记录抄表等。

实验前应写好预习报告,经指导教师检查认为确实做好了实验前的准备后,方可开始做实验。

认真做好实验前的准备工作，对于培养学生的独立工作能力，提高实验质量和保护实验设备都是很重要的。

1.2.2 实验的进行

1. 建立小组，合理分工

每次实验都以小组为单位进行，每组由 3~4 人组成，实验人员对实验进行中的接线、调节负载、保持电压或电流、记录数据等工作应有明确的分工，以保证实验操作协调，记录的数据准确可靠。

2. 选择组件和仪表

实验前先熟悉该次实验所用的机组及配件，记录电机铭牌和选择仪表量程，然后依次排列组件和仪表，以便于测取数据。

3. 按图接线

根据实验线路图（对于设计性的实验，要求学生自己拟定线路图）及所选组件、仪表，按图接线，线路力求简单明了，按接线原则应先接串联主回路，再接并联支路。为查找线路方便，每路可用相同颜色的导线或插头。

4. 启动机组，观察仪表

在正式实验开始之前，先熟悉所用仪表及仪表刻度，并记下倍率，然后按一定规范启动电机，观察所有仪表是否正常（如指针正、反向是否超满量程等）。如果出现异常，应立即切断电源，并排除故障；如果一切正常，即可正式开始实验。

5. 测取数据

预习时对电机的试验方法及所测数据的大小要做到心中有数。正式实验时，根据实验步骤逐次测取数据。

6. 认真负责，实验有始有终

实验完毕，须将数据交指导教师审阅。经指导教师认可后，才允许拆线，并须把实验所用的组件、导线及仪器等物品整理好。

1.2.3 实验报告

实验报告是根据实测数据和在实验中观察和发现的问题，经过分析研究或分析讨论写出的心得体会。

实验报告要简明扼要、字迹清楚、图表整洁、结论明确。

实验报告应包括以下内容：

(1)实验名称、专业班级、学号、姓名、实验日期、室温(℃)。

(2)列出实验中所用组件的名称及编号、电机铭牌数据(P_N、U_N、I_N、n_N)等。

(3)列出实验项目并绘出实验时所用的线路图，并注明仪表量程、电阻器阻值、电源端编号等。

(4)数据的整理和计算。

(5)按记录及计算的数据用坐标纸画出曲线。图纸尺寸不小于 8 cm × 8 cm，图形尺寸的长度比例不大于 1∶1.5，同一机器的几条曲线可绘在同一坐标纸上，以做比较，但必须妥善安排，不得拥挤，尽可能避免两条以上曲线相交，可用不同颜色绘制各种曲线，这样更加清晰。绘曲线时通常将自变量作为横坐标，他变量（因变量）作为纵坐标，坐标标度的比例尺作图和应用，合理的标度为 1 毫米长（或 1 小格），若等于 A 个测量单位，则 A 应是 10 的倍数，或是 1、2、5 这些数字中的一个，不得是 2.5 或 3 的倍数，坐标名称及单位必须标出，或者用相对单位制。绘出的曲线应是平滑的，故绘曲线时应先描点，然后用铅笔将所描的点以曲线尺或曲线板连成光滑曲线，如果某些点离此光滑曲线很远，则弃去，曲线两旁的点不要擦去，不在曲线上的点仍按实际数据标出。

（6）根据数据和曲线进行计算、分析、讨论与总结。这是实验报告中很重要的部分，在一份好的实验报告中，明确清晰的分析与结论是必不可少的。实验者应根据实验要求，开动脑筋，深入细致地思考，分析实验结果与理论是否符合，对某些问题提出一些自己的见解（有目的地培养自己的创新能力），最后写出结论。

（7）实验报告应写在一定规格的报告纸上，保持整洁。每次实验每人独立完成一份报告，力求内容正确，书写整齐，按时送交指导教师批阅。如有不合规格或严重错误者，须返还修正后在一星期内交上。

1.3　电机及电力拖动实验安全操作规程

为了按时完成电机及电力拖动实验，确保实验时的人身安全与设备安全，要严格遵守如下安全操作规程规定：

（1）实验时，人体不可接触带电线路。

（2）接线、拆线及变换量程都必须在切断电源的情况下进行。

（3）禁止穿长袍/大衣进行实验，围巾、领带、辫子等不要拖曳在外，以免被机器卷进离合器或皮带而发生危险。

（4）不要站在机器转动部分的近旁，停车时不要用手或脚去抵触其转动部分，以免碰伤。

（5）禁止赤脚进行实验，实验时必须穿胶底鞋（绝缘鞋）。

（6）学生独立完成接线或改接线路后必须经指导教师检查和允许，并引起组内其他同学注意后方可接通电源。实验过程中，须注意机器的运行情况（如声音、气味、振动、温度等），如运行不正常或发生事故，应立即切断电源，查清问题和妥善处理故障后，才能继续进行实验。

（7）电机如直接启动，则应先检查功率表及电流表的电流量程是否符合要求，以及是否有短路回路存在，以免损坏仪表或电源。

（8）实验室总电源的接通应由实验指导人员来完成，实验台控制屏上的电源应须经实验指导人员允许后方可接通，不得自行合闸。

第 2 章

直流电机实验

2.1 知识要点

2.1.1 直流电机基本结构

直流电机是以导体在磁场中运动产生感应电动势和载流导体在磁场中受力为基础来实现机电能量转换的。为实现机电能量转换，直流电机的结构包括定子和转子两部分，且都有铁芯和线圈(绕组)。定子用来建立磁场，并作为机械支撑；转子(电枢)用来产生感应电势、电流，实现机电能量转换。

直流电机之所以能够工作，是因为在结构上有一个非常重要的部件，即换向器。当直流电机作发电机运行时，换向器的作用是将电枢绕组内的交变电动势转换成电刷之间极性不变的直流电动势；当直流电机作电动机运行时，换向器的作用是在线圈的有效边从 N 极(或 S 极)下转到 S 极(或 N 极)下时改变其中的电流方向，使 N 极下的有效边中的电流总是流向一个方向，而 S 极下的有效边中的电流总是流向另一个方向，这样才能使有效边上受到的电磁力的方向不变，而且产生同一方向的转矩。

2.1.2 直流电机的工作原理

直流电机在结构上因为有换向器这个重要的部件，因此它的能量转换的方向是可逆的。也就是说，同一台电机既可以作发电机运行，将机械能转换成电能，也可以作电动机运行，将电能转换为机械能。它们的电磁关系和能量转换关系，可用下列三个基本方程式来描述。

(1)电压平衡方程式。

在发电机中，$E = U + I_a R_a$，即发电机的电势 E 为负载电压 U(发电机的端电压)和电枢电阻压降 $I_a R_a$ 所平衡。

在电动机中，$U = E + I_a R_a$，即电动机的外加电枢电压为电枢的反电势和电枢回路中的电阻压降所平衡。需注意的是，在电动机运行状态，它的转速、电动势、电枢电流、电磁转矩能自动调整，以适应负载变化，保持新的转矩平衡。

(2)电势方程式。

$$E = C_e \Phi n \quad (方向由右手定则确定)$$

在发电机中,电动势 E 为输出电功率的电源电动势,在电势作用下产生电枢电流 I_a, E 与 I_a 方向相同。

在电动机中,电动势 E 为反电势,它与外加电压产生的电流 I_a 方向相反。

(3)转矩方程式。

$$T = C_t \Phi I_a (\text{方向由左手定则确定})$$

在发电机中,电磁转矩 T 为阻转矩,方向与 n 相反,原动机的转矩 $T_1 = T + T_0$,式中 T_0 为空载损耗转矩。

在电动机中,电磁转矩 T 为拖动转矩,方向与 n 相同,$T = T_L + T_0$,式中 T_L 为负载转矩。

注意:电机稳速运行时,转矩是平衡的。

2.1.3 直流电机的分类

按照励磁方式的不同,直流电机分为:他励、并励、串励和复励(复励又分为积复励和差复励)。

在发电机中,用得较多的是他励直流发电机和并励直流发电机。为使并励直流发电机能自励(端电压能够建立起来),必须满足三个条件:其一,要有剩磁;其二,由剩磁感生的电流所产生的磁场方向应与剩磁磁场方向相同;其三,励磁回路中的电阻值不能超过它的临界电阻。这三者缺一不可。否则,并励直流发电机将无法建立电压(无法发电)。

发电机的重要运行特性是它的空载特性和外特性。

在电动机中,用得较多的是他励直流电动机和并励直流电动机。

2.1.4 他励直流电动机的机械特性

机械特性是电动机最重要的运行特性,他励直流电动机的机械特性表达式为:

$$n = \frac{U - I_a(R_a + R_{ad})}{C_e \Phi} = \frac{U}{C_e \Phi} - \frac{R_a + R_{ad}}{C_t C_e \Phi^2} T = n_0 - \Delta n \qquad (2.1)$$

机械特性曲线见图 2-1,机械特性的硬度为:

$$\beta = \frac{dT}{dn} = \frac{\Delta T}{\Delta n} \times 100\% \qquad (2.2)$$

β 表示特性的平直程度。电枢回路的附加电阻 $R_{ad} = 0$,电枢电压 $U = U_N$,磁通 $\Phi = \Phi_N$ 时,机械特性称为固有机械特性。

人为地改变 U、Φ 或增加 R_{ad} 时所得到的机械特性称为人为机械特性。

电动机启动、调速、制动的方法就是利用人为机械特性。

改变外加电压的方向和励磁电流的方向都可以改变电动机的转向。

在通过计算绘制机械特性时要注意两点:

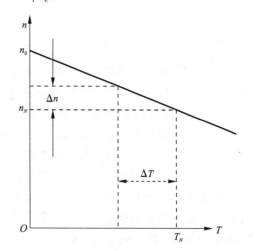

图 2-1 他励直流电动机的机械特性

（1）$C_e \varphi_N = \dfrac{(U_N - I_N R_N)}{n_N}$ 对同一台直流电动机而言是唯一的；

（2）额定转矩：$T_N = 9.55 \dfrac{P_N}{n_N}$ 是电动机轴上的输出转矩。

电磁转矩：$T = C_t \varphi I_N \neq T_N$。

2.1.5 直流电动机的启动

直流电动机不允许直接启动。因为直流电动机启动的瞬间，由于 $n = 0$，$E = 0$，电动机电枢回路的固有电阻 R_a（又叫直流电动机的电枢电阻）很小，$1.1 \sim 1.5$ kW 的直流电动机 R_a 一般为 $7 \sim 2.5$ Ω，60 kW 以上的直流电动机 R_a 更小，一般只有 0.18 Ω 左右，所以，启动电流 $I_a = U_N / R_a$ 会很大，这既对电网运行极其不利，又会使电动机换向器火花增大，对换向不利。因此，启动时必须设法减少启动电流。

由启动电流 $I_{st} = U_N / (R_a + R_{st})$ 可知，常用的启动方法有以下两种：

其一，降压启动，这是用得最多的一种启动方法；

其二，电枢回路串接外接电阻启动，用此法时一定要注意根据实际要求来设计启动电阻的大小。

注意：启动转矩 T_{st} 是电磁转矩，只能用 $T_{st} = C_t \Phi I_{st}$ 来计算，且要注意 $T_{st} \neq \dfrac{I_{st}}{I_N}$。

2.1.6 他励直流电动机的调速

根据生产机械的要求，人为地改变电动机的转速，称为调速。直流电动机具有良好的调速性能。由式（2.1）可知，他励直流电动机的调速方法有以下三种。

（1）改变电枢外加电压 U 调速。这种调速方法的主要特点是：

①可以在额定转速以下实现平滑无级调速；

②由于调压时机械特性硬度不变，调速的稳定性较高，调速范围 $D = \dfrac{n_{\max}}{n_{\min}}$ 较大；

③可与电机启动时共用一套调压设备；

④为了充分利用电动机，希望在调速过程中维持电枢电流 I_a 不变，即电动机的转矩 $T = C_t \Phi_N I_a$ 不变，故调压调速适合于恒转矩调速。这种调速方法用得最多。

（2）改变励磁磁通 Φ 调速。这种调速方法的主要特点是：

①可以通过弱磁在额定转速以上实现平滑无级调速；

②调速范围受限，普通他励直流电动机的高转速不得超过额定转速的 1.2 倍；

③为了充分利用电动机，希望在调速过程中维持电枢电流 I_a 不变，即功率 $P = UI_a$ 不变，所以，它适合于恒功率调速。在这种情况下，电动机的转矩 $T = C_t \Phi I_a$ 要随着主磁通 Φ 的减少而减少。基于弱磁调速范围不大，很少单独使用它，有时为了扩大调速范围，常将它和调压调速配合使用，即在额定转速以下，用降压调速，而在额定转速以上，则用弱磁调速。

（3）在电枢电路中外串附加电阻 R_{ad} 调速。此法缺点较多，较少采用于生产实际中。

2.2　基本要求

（1）在了解直流电动机基本结构的基础上，着重掌握直流电动机的基本工作原理，特别应掌握转矩方程式、电势方程式和电压平衡方程式。

（2）掌握直流电动机的机械特性，特别是人为机械特性。

（3）掌握直流电动机的启动、调速和制动的各种方法（关于制动方法，见第 6 章电动机机械特性）及其优缺点和应用场所。

（4）学会用机械特性的四象限来分析直流电动机的运行状态。

（5）学会根据他励直流电动机的铭牌技术参数，确定电动机启动等运行特性，设计他励直流电动机的实验线路图，拟定实验步骤、实验线路，绘出设计图，通过计算确定电枢回路中启动电阻阻值及功率的大小、励磁回路中励磁调节电阻的阻值及功率的大小。

2.3　重点难点

1. 重点

（1）电动机最重要的运行特性是它的机械特性，由于机械特性是根据转矩、电势、电压平衡方程式推导出来的，而机械特性又是分析启动、调速和制动特性的依据，所以机械特性是电动机内容的重中之重。

（2）他励直流电动机的启动特性。

（3）他励直流电动机的调速特性。

2. 难点

本章节较难理解的内容是电流、电势的换向过程和电动机的制动过程，以及电动机在各种运行状态下的电磁转矩 T、负载转矩 T_L、转速 n、电枢电流 I_a 和电势 E 等符号的确定。

2.4　实验内容及能力考察范围

实验一　直流电动机的启动、换向和调速控制实验

【实验目的】

（1）了解直流电动机的主要结构及特点。

（2）掌握直流电动机电枢串电阻的启动方法和改变转向的方法。

（3）掌握直流电动机的调速方法。

【实验器材】

（1）机组 1#：直流电动机 M1。

（2）MK01 直流电压表模块：直流电压表 1#、2#。

（3）MK02 直流电流表模块：直流电流表 1#、3#。

（4）MK07 交流并网及切换开关模块：转换开关 SW_1、SW_2。

（5）单相可调电阻负载：R_w。

（6）直流稳压电源（250 V/20 A）电枢电源。

（7）直流稳压电源（250 V/3 A）励磁电源 1#。

（8）导线若干。

【实验内容】

（1）直流电动机的启动。

（2）直流电动机转向的改变及调速。

【知识储备及能力考察范围】

1. 直流电动机的主要结构及各绕组的接线方式（分类）

（1）直流电动机的构造（由定子与转子组成，定子包括主磁极、机座、换向极、电刷装置等；转子包括电枢铁芯、电枢绕组、换向器、转轴和风扇等）及各部分的作用。

（2）直流电动机各绕组的接线方式（分类）。

直流电动机就是将直流电能转换成机械能的电机。直流电动机的励磁方式是指对励磁绕组如何供电并产生励磁磁通势而建立主磁场的问题。根据励磁方式的不同，直流电动机可分为下列几种类型。

① 他励直流电动机。

励磁绕组与电枢绕组没有电的联系，励磁电路是由另外独立的直流电源供给的。因此励磁电流不受电枢端电压或电枢电流的影响。

② 并励直流电动机。

并励绕组两端电压就是电枢绕组两端电压，但是励磁绕组是用细导线绕成的，其匝数很多，因此具有较大的电阻，使得通过它的励磁电流较小。

③ 串励直流电动机。

励磁绕组是和电枢绕组串联的，所以这种电动机内磁场随着电枢电流的改变有显著的变化。为了使励磁绕组中不致产生大的损耗和电压降，励磁绕组的电阻越小越好，所以串励直流电动机通常用较粗的导线绕成，它的匝数较少。

④ 复励直流电动机。

励磁绕组与电枢绕组的连接方式既有并联又有串联时，称为复励式。按串励绕组与并励绕组产生磁势方向的异同，又可将复励式电机分为差复励和积复励。串励绕组与并励绕组产生的磁势方向相同时，称为积复励；串励绕组与并励绕组产生的磁势方向相反时，称为差复励。

2. 他励直流电动机的启动

电动机转子从静止状态开始转动，转速逐渐上升，最后达到稳定运行状态的过程称为启动。电动机在启动过程中，电枢电流 I_a、电磁转矩 T、转速 n 都随时间变化，是一个过渡过程。开始启动的一瞬间，转速等于零，这时的电枢电流称为启动电流，用 I_{st} 表示，对应的电磁转矩称为启动转矩，用 T_{st} 表示。一般对直流电动机的启动有如下要求：

① 启动转矩足够大（$T_{st} > T_L$ 时，电动机才能顺利启动）。

② 启动电流 I_{st} 要限制在一定的范围内。

③启动设备操作方便，启动时间短，运行可靠，成本低廉。

（1）直接启动（全压启动）。

直接启动就是先接通励磁电源建立磁场，然后在他励直流电动机的电枢上直接加以额定电压的启动方式。

直接启动时启动电流将达到很大的数值，出现强烈的换向火花，造成换向困难，还可能引起过流保护装置的误动作或引起电网电压的下降，影响其他用户的正常用电；同时，启动转矩也很大，会造成机械冲击，易使设备受损。因此，除个别容量很小的电动机外，一般直流电动机是不容许直接启动的。

对于他励/并励直流电动机，为了限制启动电流，可以采用电枢回路串电阻启动或降低电枢电压启动的启动方法。

（2）电枢回路串电阻启动。

电枢回路串电阻启动就是启动前在电枢回路串入电阻，以限制启动电流，而当转速上升到额定转速后，再把启动变阻器从电枢回路中切除的启动方法。

电动机启动前，应使励磁回路串联附加的电阻为零，以使磁通达到最大值，从而产生较大的启动转矩。

电枢串电阻启动设备简单，操作方便，但能耗较大，它不宜用于频繁启动的大、中型电动机，可用于小型电动机的启动。

（3）降低电枢电压启动（减压启动）。

降低电枢电压启动，即启动前将施加在电动机电枢两端的电源电压降低，以减小启动电流（一般限制在 $1.5 \sim 2\,I_N$），电动机启动后，再逐渐提高电源电压，使启动电磁转矩维持在一定数值，保证电动机按需要的加速度升速，这种启动方法需要专用电源，投资较大，但启动电流小，启动转矩容易控制，启动平稳，启动能耗小，是一种较好的启动方法。

3. 直流电动机的反转

要使电动机反转，必须改变电磁转矩的方向，而电磁转矩的方向由磁通方向和电枢电流方向所决定。所以，只要使磁通 Φ 或电枢电流 I_a 中的任意一个参数改变方向，电磁转矩 T 即可改变方向。在控制时，通常直流电动机的反转实现方法有以下两种：

（1）改变励磁电流方向。

保持电枢绕组两端电压极性不变，将励磁绕组反接，使励磁电流反向，磁通 Φ 即可改变方向。

（2）改变电枢电压极性。

保持励磁绕组两端电压极性不变，将电枢绕组反接，电枢电流 I_a 即可改变方向。

由于他励直流电动机的励磁绕组匝数多，电感大，励磁电流从正向额定值变到反向额定值的时间长，反向过程缓慢，而且在励磁绕组反接断开的瞬间，绕组中将产生很大的自感电动势，可能造成绝缘击穿，所以实际应用中大多采用改变电枢绕组电压极性的方法来实现电动机的反转。但在电动机容量很大，对反转速度变化要求不高的场合，为了减小控制电器的容量，可采用改变励磁绕组极性的方法来实现电动机的反转。

4. 直流电动机的调速

（1）调节电枢供电电压。

改变电枢电压主要是从额定电压往下降低电枢电压，从电动机额定转速向下变速，其属恒转矩调速方法，对于要求在一定范围内无级平滑调速的系统来说，这种方法最好。变化遇到的时间常数较小，能快速响应，但是需要大容量可调直流电源。

（2）改变电动机主磁通。

改变磁通可以实现无级平滑调速，但只能减弱磁通进行调速（简称弱磁调速），从电机额定转速向上调速，属恒功率调速方法。励磁电流变化遇到的时间常数比电枢电流变化遇到的时间常数要大得多，因此响应速度较慢，但所需电源容量也小。

（3）电枢回路串电阻调速。

电动机电枢回路外串电阻进行调速的方法，设备简单，操作方便。但是只能进行有级调速，调速平滑性差，机械特性较软，空载时几乎没什么调速作用，还会在调速电阻上消耗大量电能。

【实验步骤】

1. 直流电动机启动与换向

（1）他励直流电动机的启动换向实验原理图见图 2 - 2。

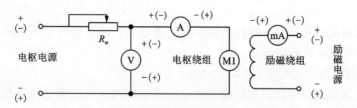

图 2 - 2　他励直流电动机的启动换向实验原理图

（2）按图 2 - 3 接线，用专用电缆连接转速表机组接口与机组 1# 转速接口，接好线经老师检查无误后方可通电调试。

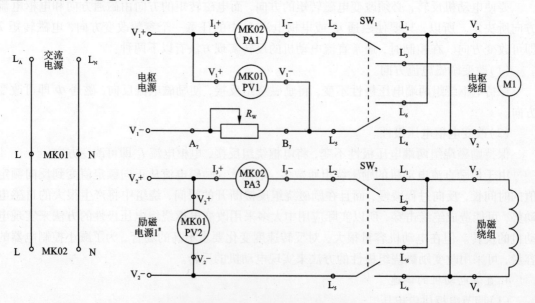

图 2 - 3　他励直流电动机实验接线图

（3）检查电枢电源和励磁电源 1# 是否在初始状态（按下红色电源按钮，右侧两个电压旋钮逆时针调到底，上电后装置 C.C 灯灭，C.V 灯亮；实验过程中，只调节电压旋钮，不调节电流旋钮）；将 R_W 顺时针调至阻值最大位置，将 SW_1、SW_2 开关打到左侧位置。

（4）通过一体机软件上电（或接通电源启停按钮），依次合上交流电源开关、直流电源开关、电枢电源面板开关和励磁电源 1# 面板开关。

（5）调节励磁电源 1#，使励磁电流达到额定值（0.43 A），调节电枢电源，使电枢电压达到 220 V，再逆时针调节 R_W，使电动机 M1 转速达到 1500 r/min，电动机 M1 完成启动，再减小电枢电源，使电动机 M1 转速达到 800 r/min，在表 2-1 中记录转向。

（6）先断开电枢电源面板开关，再断开励磁电源 1# 面板开关，再将 SW_1 开关打到右侧位置，SW_2 开关保持左侧位置；先合上励磁电源 1# 面板开关，再合上电枢电源面板开关，电动机 M1 完成启动，在表 2-1 中记录转向。

（7）先断开电枢电源面板开关，再断开励磁电源 1# 面板开关，再将 SW_2 开关打到右侧位置，SW_1 开关保持右侧位置；先合上励磁电源 1# 面板开关，再合上电枢电源面板开关，电动机 M1 完成启动，在表 2-1 中记录转向。

（8）先断开电枢电源面板开关，再断开励磁电源 1# 面板开关，再将 SW_1 开关打到左侧位置，SW_2 开关保持右侧位置；先合上励磁电源 1# 面板开关，再合上电枢电源面板开关，电动机 M1 完成启动，在表 2-1 中记录转向。

（9）实验完成后，切断电源启停旋钮，依次断开交流电源开关、直流电源开关、电枢电源面板开关和励磁电源 1# 面板开关；先将电枢电源电压旋钮逆时针调到底，再将励磁电源 1# 电压旋钮逆时针调到底，将 R_W 顺时针调至阻值最大位置，将 SW_1、SW_2 开关打到中间位置。

表 2-1　直流电动机换向记录

SW_1 打到左侧，SW_2 打到左侧，即电枢电源为正，励磁电源为正，此时电机的转向是：_____
SW_1 打到左侧，SW_2 打到右侧，即电枢电源为正，励磁电源为负，此时电机的转向是：_____
SW_1 打到右侧，SW_2 打到右侧，即电枢电源为负，励磁电源为负，此时电机的转向是：_____
SW_1 打到右侧，SW_2 打到左侧，即电枢电源为负，励磁电源为正，此时电机的转向是：_____

2. 直流电动机的调速

（1）改变电枢端电压调速。

改变电枢电压调速可实现无级调速，其机械特性硬度不变，调速范围大，常用于恒转矩负载。

①按图 2-3 接线，用专用电缆线连接转速表机组接口与机组 1# 转速接口，接好线经老师检查无误后方可通电调试。

②检查电枢电源和励磁电源 1# 是否在初始状态（按下红色电源按钮，右侧两个电压旋钮逆时针调到底，上电后装置 C.C 灯灭，C.V 灯亮；实验过程中，只调节电压旋钮，不调节电流旋钮）；将 R_W 逆时针调至阻值最小位置，将 SW_1、SW_2 开关打到左侧位置。

③通过一体机软件上电（或接通电源启停旋钮），依次合上交流电源开关、直流电源开关、电枢电源面板开关和励磁电源 1# 面板开关。

④调节励磁电源1#，使励磁电流达到额定值(0.43 A)，调节电枢电源，将实验数据记录在表2-2中。

⑤实验完成后，切断电源启停旋钮，依次断开交流电源开关、直流电源开关、电枢电源面板开关和励磁电源1#面板开关；先将电枢电源电压旋钮逆时针调到底，再将励磁电源1#电压旋钮逆时针调到底，将R_W顺时针调至阻值最大位置，将SW_1、SW_2开关打到中间侧位置。

表2-2 电枢电压与转速关系

电枢电压/V	70	90	110	130	150	170	190
转速/(r·min⁻¹)							

(2)电枢回路串电阻调速。

该调速特性会导致机械特性变软，调速范围不大，不是无级调速。

实验步骤参考《直流电动机启动》。

【能力考察及注意事项】

(1)他励直流电动机换向实验，涉及开关的组合与选择及接线。这是第一个知识与能力的考察点；

(2)在给他励或并励直流电动机接通电源的瞬间，启动电流很大，这样大的启动电流将会烧坏换向器，因此电枢电路中需串联一个可调启动电阻R_{st}，启动时将电阻R_{st}置于最大值，使电阻值随着电动机转速的增加而逐渐减小，当电动机达到额定转速时，完全切除启动电阻(即将启动电阻调为0)。这是第二个知识与能力的考察点；

(3)使用并励直流电动机时，切忌在电动机运转时断开励磁电路，以免造成励磁电流等于零，而主磁极上仅有很少的剩磁，使反电动势小，这样电枢电流将会急剧增加，电动机转速也将急剧增加，造成俗称的"飞车"，引起严重事故。这是第三个知识与能力的考察点。

实验二 直流电机实验线路设计

电机与拖动实验室的主要设备是实验机组。它是由直流电动机(或交流电动机)与直流发电机组成的电动机—发电机机组，简称M-G组，其间是通过联轴器将电动机轴与发电机轴直接相连接，使两台电机同速旋转。

实验室共有4套机组，表示如下：M4-G4代表直流电动机机组-三相同步发电机，M3-G3代表三相绕线式交流电动机-直流发电机机组，M2-G2代表三相鼠笼式交流电动机-直流发电机机组(可根据需要，将直流发电机G2接成他励/并励/复励发电机)，M1-G1代表直流电动机-直流发电机机组(可根据需要，将直流电动机M1接成他励/并励的形式)。不同机组的额定数据是不同的。如某M_1-G_1机组的额定数据如下：

发电机的额定数据：$P_N=0.85$ kW，$U_N=230$ V，$I_N=3.74$ A，$n_N=1500$ r/min。

电动机的额定数据：$P_N=1$ kW，$U_N=220$ V，$I_N=5$ A，$n_N=1500$ r/min。

根据实验室的设备，试设计M_1-G_1机组作直流电动机特性实验的电气线路图。

1. 设计要求

(1)直流电动机与发电机均接成并激式。

(2)直流电动机采用电枢串电阻启动,其启动电流限制在额定电流之内,用激磁回路串电阻来调节电动机的激磁电流。

(3)直流发电机的激磁电流可由零调至 $1.2I_{ef}$ (I_{ef} 为额定激磁电流,一般 $I_{ef} \approx 8\% I_N$),采用电阻箱作为发电机的负载,其负载可由零调至额定负载。

2. 选择实验仪表及其他设备

实验时所用的开关、电阻器、电流表、电压表、转速表等设备应按被试电机的额定数据选择。例如:被试电机的额定电流为 3.7 A,则用来测量此电流的电流表量程应选为 5 A。此处在选择仪表等设备时,假设被试电机的额定数值如前所述。

3. 画出实验线路图

4. 检查电气原理图是否正确

(1)所设计的电路是否满足设计要求。

(2)所设计的电路是否有开路。

(3)所设计的电路是否有短路。

(4)仪表量程与电阻器的阻值与允许通过的电流是否恰当。

【能力考察及注意事项】

(1)启动电阻 R_q 与磁场电阻 R_f 应选多大的阻值及功率?需根据电机的铭牌参数计算确定。

(2)仪表和其他设备的选型。

(3)直流电动机的启动前准备工作、操作顺序、实验步骤及结论分析。

实验三　直流发电机实验

【实验目的】

(1)了解接线方法与仪表的使用方法。

(2)掌握他励直流发电机空载特性和外特性的实验方法,根据实验数据,画出他激直流发电机的空载特性、外特性与调节特性曲线。

(3)通过实验观察并激直流发电机的自激过程和自励条件,测定剩磁电压。

(4)掌握并励直流发电机空载特性和外特性的实验方法,根据实验数据,画出并激直流发电机的空载特性、外特性与调节特性曲线。

【实验器材】

(1)实验机组 2#:三相鼠笼式异步电动机 M2、直流发电机 G2。

(2)MK01 直流电压表模块:直流电压表 1#。

(3)MK02 直流电流表模块:直流电流表 1#、3#。

(4)直流稳压电源(250 V/3 A)励磁电源 1#。

（5）MK07 交流并网及切换开关模块：SW_1、SW_2、SW_3。

（6）单相可调电阻负载：R_W。

（7）可调电阻 1$^#$：R_{P1}。

（8）可调电阻 2$^#$：R_{P7}/R_{P8}、R_{P9}/R_{P10}。

（9）三相调压器。

（10）导线等。

【知识储备及能力考察范围】

（1）直流发电机空载特性是指发电机未接负载（外部用电设备），其电枢电流恒为零的运行状态。此时电机电枢绕组只有励磁电流 I_f 感生出的空载电动势 U_0，其大小随 I_f 的增大而增加。但是，由于电机磁路铁芯有饱和现象，所以两者不成正比，反映空载电动势 U_0 与励磁电流关系 I_f 的曲线（磁滞回线）称为发电机的空载特性。

（2）什么是发电机的运行特性？在求取直流发电机的特性曲线时，哪些物理量应保持不变，哪些物理量应测取？

（3）做空载特性实验时，励磁电流为什么必须保持单方向调节？

（4）并励发电机的自励条件有哪些？当发电机不能自励时应如何处理？

【实验内容】

（1）他励/并励直流发电机实验，根据实验数据画出以下特性曲线。

①测空载特性保持 $n=n_N$ 使 $I_L=0$，测取 $U_0=f(I_f)$。

②测外特性保持 $n=n_N$ 使 $I_f=I_{fN}$，测取 $U=f(I_L)$。

③测调节特性保持 $n=n_N$ 使 $U=U_N$，测取 $I_f=f(I_L)$。

（2）并励直流发电机实验，观察自励过程，验证并励直流发电机发电的三个条件。

（3）将他励和并励直流发电机外特性实验数据画在同一坐标纸上，进行比较。

【实验步骤】

（1）他励直流发电机实验原理图见图 2-4。

（2）他励直流发电机实验按图 2-5 接线，用专用电缆线连接转速表机组接口与机组 2$^#$ 转速接口，接好线经老师检查无误后方可通电调试。

1）直流他励发电机空载特性实验保持 $n=n_N$ 使 $I_L=0$，测取 $U_0=f(I_f)$。

①检查励磁电源 1$^#$ 是否在初始状态（按下红色电源按钮，右侧两个电压旋钮逆时针调到底，上电后装置 C.C 灯灭，C.V 灯亮，实验过程中，只调节电压旋钮，不调节电流旋钮），将三相调压器逆时针调到底。将 R_W、R_{P7}/R_{P8} 和 R_{P9}/R_{P10} 顺时针调至阻值最大位置，将 SW_1、SW_2、SW_3 开关打到中间位置。

②通过一体机软件上电（或接通电源启停旋钮），依次合上交流电源开关、直流电源开关和励磁电 1$^#$ 面板开关。

③调节三相调压器，使输出电压达到额定值（相电压 220 V），此时机组 2$^#$ 达到 1500 r/min。

④调节励磁电源 1$^#$，使发电机 G2 的空载电压逐步升高，达到 1.2 倍额定值（264 V），在表 2-3 中记录该实验过程中的数据。

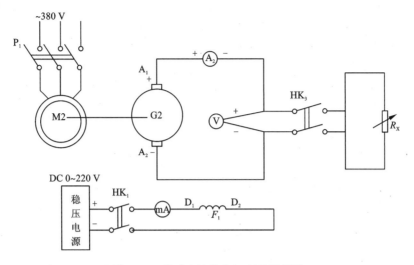

图 2 - 4 他励直流发电机实验原理图

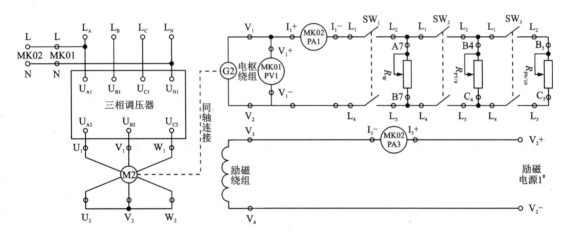

图 2 - 5 他励直流发电机的实验接线图

⑤实验完成后，通过一体机软件下电(或切断电源启停旋钮)，依次断开交流电源开关、直流电源开关和励磁电源 1# 面板开关；将励磁电源 1# 电压旋钮逆时针调到底，将三相调压器逆时针调到底。

表 2 - 3 直流他励发电机的空载试验 $n = n_N I_L = 0$

	1	2	3	4	5	6	7
I_f / A							
U_0 / V							

表中: I_f—励磁电流, U_0—空载电压。

⑥根据空载试验数据，画出空载特性曲线，由空载特性曲线计算出被试电机的饱和系数和剩磁电压的百分数。

2)直流他励发电机外特性实验保持 $n = n_N$ 使 $I_f = I_{fN}$，测取 $U = f(I_L)$。

①实验按图2-6接线(实际上同图2-5,但需注意,此时只要把SW₁右边的负载接上即可),用专用电缆线连接转速表机组接口与机组2#转速接口,接好线经老师检查无误后方可通电调试。

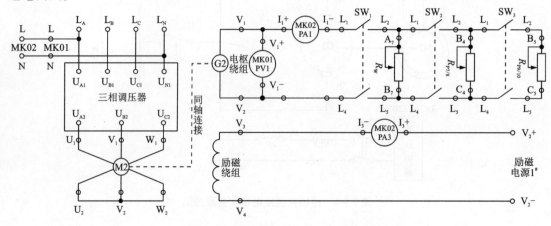

图2-6 他励直流发电机外特性实验接线图

②检查励磁电源1#是否在初始状态(按下红色电源按钮,右侧两个电压旋钮逆时针调到底,上电后装置C.C灯灭,C.V灯亮;实验过程中,只调压电压旋钮,不调节电流旋钮),将三相调压器逆时针调到底;将R_W、$R_{P7/8}$和$R_{P9/10}$顺时针调至阻值最大位置,将SW₁、SW₂、SW₃开关打到左侧位置。

③接通电源启停旋钮,依次合上交流电源开关、直流电源开关和励磁电源1#面板开关。

④调节三相调压器,使输出电压达到额定值(220 V),此时机组2#达到1500 r/min。

⑤调节励磁电源1#,使励磁电流达到额定值(0.25 A)。

⑥逆时针调节R_W,使电枢电流达到额定值(3.5 A),此时发电机G2达到额定运行状态,记录该组数据。

⑦逐渐顺时针增加负载电阻R_W,即减小发电机G2的负载。在R_W顺时针调至最大后,逐步断开负载开关(开关由左侧打到中间),先断开SW₃,再断开SW₂,最后断开SW₁,此时发电机G2处于空载状态,在表2-4中记录实验数据(实验过程中,保持励磁电流不变)。

⑧实验完成后,切断电源启停旋钮,依次断开交流电源开关、直流电源开关和励磁电源1#面板开关;将励磁电源1#电压旋钮逆时针调到底,将三相调压器逆时针调到底,将R_W、$R_{P7/8}$和$R_{P9/10}$顺时针调至阻值最大位置,将SW₁、SW₂、SW₃开关打到中间位置。

表2-4 直流他励发电机负载实验数据 $n = n_N =$ _____ r/min, $I = I_{fN} =$ _____ A

	1	2	3	4	5	6	7
记录点	$I_L = 3.5$ A			$R_W =$ 最大值	断开 SW₃	断开 SW₂	断开 SW₁
U/V							
I_L/A							

⑨在坐标纸上绘出他励发电机的外特性曲线,并按下式计算出电压变化率:

$$\Delta U\% = \left[(U_0 - U_N)/U_N \right] \times 100\%$$

（3）并励直流发电机实验。

1）并励直流发电机实验原理图见图 2 - 7。

空载实验是保持 $n = n_N$ 使 $I_L = 0$，测取 $U_0 = f(I_f)$（磁化曲线与他励直流发电机空载特性曲线相同，如果学时较少可以不做，直接做外特性）。

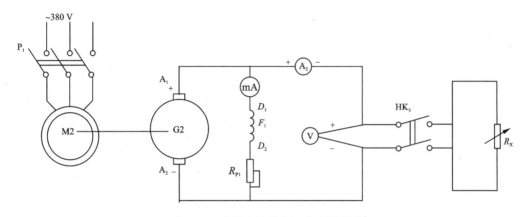

图 2 - 7　并激直流发电机实验原理图

2）并励直流发电机实验按图 2 - 8 接线，用专用电缆线连接转速表机组接口与机组 2# 转速接口，接好线后经老师检查无误方可通电调试。

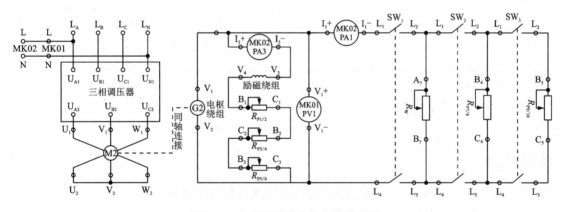

图 2 - 8　直流并励发电机实验接线图

3）检查励磁电源 1# 是否在初始状态（按下红色电源按钮，右侧两个电压旋钮逆时针调到底，上电后装置 C. C 灯灭，C. V 灯亮，实验过程中，只调节电压旋钮，不调节电流旋钮），将三相调压器逆时针调到底；将 R_W、$R_{P1/2}$、$R_{P3/4}$、$R_{P5/6}$、$R_{P7/8}$ 和 $R_{P9/10}$ 顺时针调至阻值最大位置，将 SW_1、SW_2、SW_3 开关打到左侧位置。

4）开始实验之前，需要给励磁绕组充磁（若之前实验有往发电机 G2 的 V_3、V_4 通过电压，则不需要进行此步骤）。充磁步骤如下：

① 拆开发电机 G2 的 V_3、V_4 连接线；

② 将励磁电源 1# 的 $V_2 +$ 接发电机 G2 的 V_3，励磁电源 1# 的 $V_2 -$ 接发电机 G2 的 V_4；

③接通电源启停旋钮，合上直流电源开关和励磁电源 1# 面板开关，调节励磁电源 1#，使励磁电流达到额定值（0.25 A），保持 10 s；

④切断电源启停旋钮，断开直流电源开关和励磁电源 1# 面板开关，将励磁电源 1# 电压旋钮逆时针调到底，按图 2 - 7 恢复接线。

5）通过一体机软件口电（或接通电源启停旋钮），合上交流电源开关。

6）调节三相调压器，使输出电压达到额定值（220 V），此时机组 2# 达到 1500 r/min。

7）逆时针调节 $R_{P1/2}$、$R_{P3/4}$、$R_{P5/6}$，使励磁电流接近额定值（0.25 A）。

8）逆时针调节 R_W，使电枢电流达到额定值（3.5 A），此时发电机 G2 达到额定运行状态，在表 2 - 5 中记录该组数据。

9）逐渐顺时针增加负载电阻 R_W，即减小发电机 G2 的负载。在 R_W 顺时针调至最大后，逐步断开负载开关（开关由左侧打到中间），先断开 SW$_3$，再断开 SW$_2$，最后断开 SW$_1$，此时发电机 G2 处于空载状态，在表 2 - 5 中记录实验数据。

10）实验完成后，切断电源启停旋钮，断开交流电源开关；将三相调压器逆时针调到底，将 R_W、R_{P1}/R_{P2}、R_{P3}/R_{P4}、R_{P5}/R_{P6}、R_{P7}/R_{P8} 和 R_{P9}/R_{P10} 顺时针调至阻值最大位置，将 SW$_1$、SW$_2$、SW$_3$ 开关打到中间位置。

表 2 - 5　直流并励发电机外特性实验数据 $n = n_N = $ ____r/min，$R_{f2} = $ 常数

记录点	1	2	3	4	5	6	7
	$I_L = 3.5$ A			$R_W = $ 最大值	断开 SW$_3$	断开 SW$_2$	断开 SW$_1$
U/V							
I_L/A							

11）在同一张坐标纸上绘出并励发电机的外特性曲线，并按下式计算出电压变化率：
$$\Delta U\% = \left[(U_0 - U_N)/U_N \right] \times 100\%。$$

【问题研讨】

（1）做空载特性试验时，励磁电流为什么必须保持单方向调节？

（2）并励发电机不能建立电压的原因有哪些？

实验四　他励直流电动机运行特性实验

【实验目的】

（1）了解直流电动机的主要结构及各绕组的接线方式。

（2）熟悉直流他励电动机电枢串电阻的启动方法。

（3）掌握用实验的方法测取他励直流电动机的运行特性，并根据实验数据画出他励直流电动机运行特性曲线的方法。

【实验器材】

（1）机组 1#：直流电动机 M1、直流发电机 G1。

（2）MK01 直流电压表模块：直流电压表 1#。

（3）MK02 直流电流表模块：直流电流表 1#、2#、3#。

（4）MK07 交流并网及切换开关模块：SW_1、SW_2、SW_3。

（5）单相可调电阻负载：R_W。

（6）可调电阻 2#：R_{P7}/R_{P8}、R_{P9}/R_{P10}。

（7）直流稳压电源（250 V/20 A）电枢电源。

（8）直流稳压电源（250 V/3 A）励磁电源 1#。

（9）直流稳压电源（150 V/5 A）励磁电源 2#。

（10）导线等。

【实验内容】

（1）他励直流电动机的运行特性实验。

（2）根据实验数据画出运行特性曲线。

【实验步骤】

（1）他励直流电动机的运行特性实验原理图见图 2-9。

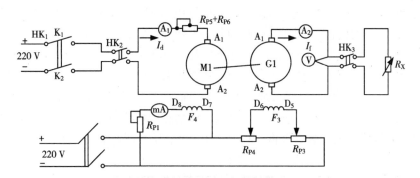

图 2-9　直流他激电动机实验原理图

（2）实验按图 2-10 接线，用专用电缆连接转速表机组接口与机组 1#转速接口，接好线后经老师检查无误方可通电调试。

（3）检查电枢电源、励磁电源 1#和励磁电源 2#是否在初始状态（按下红色电源按钮，右侧两个电压旋钮逆时针调到底，上电后装置 C.C 灯灭，C.V 灯亮；实验过程中，只调节电压旋钮，不调节电流旋钮）；将 R_W、$R_{P7/8}$ 和 $R_{P9/10}$ 顺时针调至阻值最大位置，将 SW_1、SW_2、SW_3 开关打到中间位置。

（4）接通电源启停旋钮，依次合上交流电源开关、直流电源开关、电枢电源面板开关、励磁电源 1#面板开关和励磁电源 2#面板开关。

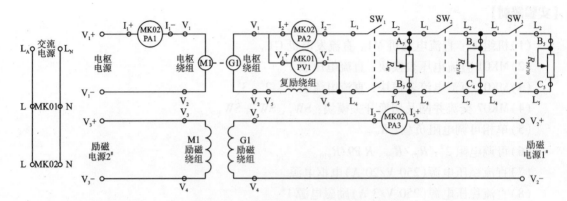

图 2 - 10　直流他励电动机实验接线图

（5）调节励磁电源 2#，使电动机 M1 励磁电流达到额定值（0.43 A，保证满磁启动）。

（6）调节电动机的电枢电源，使电动机 M1 转速达到额定转速（1500 r/min）。

（7）调节励磁电源 1#，使发电机 G1 空载电压达到额定值（220 V）。

（8）逐步合上负载开关（开关由中间打到左侧），先合上 SW_1，再合上 SW_2，最后合上 SW_3。

（9）逆时针调节 R_W，使电动机 M1 电枢电流达到 6 A，再调节电枢电源，使机组 1# 转速保持在 1500 r/min，使电枢电流达到额定值（6.8 A），此时电动机 M1 达到额定运行状态，将实验数据记录在表 2 - 6 中。

（10）逐渐顺时针增加负载电阻 R_W，即减小发电机 G1 的负载。在 R_W 顺时针调至最大后，逐步断开负载开关（开关由左侧打到中间），先断开 SW_3，再断开 SW_2，最后断开 SW_1，此时发电机 G1 处于空载状态。将实验数据记录在表 2 - 6 中。

（11）实验完成后，通过一体机软件下电（切断电源启停旋钮），依次断开交流电源开关、直流电源开关、电枢电源面板开关、励磁电源 1# 面板开关和励磁电源 2# 面板开关；将电枢电源逆时针调到底，将励磁电源 1# 逆时针调到底，将励磁电源 2# 逆时针调到底；将 R_W、$R_{P7/8}$ 和 $R_{P9/10}$ 顺时针调至阻值最大位置，再将 SW_1、SW_2、SW_3 开关打到中间位置。

表 2 - 6　直流他励电动机运行特性实验数据记录

	1	2	3	4	5	6	7
记录点	I_d =6.8 A			R_W =最大值	断开 SW_3	断开 SW_2	断开 SW_1
I_d/A							
I_f/A							
N/(r·min^{-1})							

【问题研讨】

（1）为什么发电机的电磁转矩就是电动机的负载转矩？

（2）怎样才能改变直流电动机的旋转方向？

（3）为什么减小 R_z，会使电动机的电枢电流加大？

（4）直流电动机的运行特性包括哪些？如何用实验方法求取这些特性？

（5）何谓直接启动？为什么直流电动机不能直接启动？

第 3 章

变压器实验

3.1　知识要点

3.1.1　变压器的基本结构

变压器在电力系统和电子线路中应用广泛,其主要组成部分是铁芯和绕组,铁芯构成变压器的磁路,绕组则构成变压器的电路。

铁芯分为铁芯柱和铁轭两部分,铁轭的作用是使磁路闭合,铁芯柱上套装绕组,则是为了提高铁芯的导磁性能,减少铁芯内的磁滞损耗和涡流损耗;铁芯通常采用含硅量约为 5%、厚度为 0.35 mm 或 0.5 mm、两面涂绝缘漆或氧化处理的硅钢片叠装而成。铁芯在结构上又分为心式铁芯和壳式铁芯,是按照绕组套入铁芯柱的形式来分的,心式铁芯的变压器,原、副绕组套装在铁芯的两个铁芯柱上,线圈包围铁芯,结构简单,装配容易,用铁量较少,适用于容量大、高电压的变压器,一般电力变压器均采用心式结构。壳式铁芯的变压器,铁芯包围着绕组的上下面和侧面,铁芯包围线圈,这种结构的变压器机械强度较好,铁芯容易散热,但用铁量较多,制造复杂,小型干式变压器多采用壳式结构。

绕组一般用绝缘扁(或圆)铜线或绝缘铝线绕制而成,近年来也有用铝箔绕制的。绕组是变压器的电路部分,其作用是作为电流的载体,产生磁通和感应电动势。变压器中,接到高压电网的绕组称为高压绕组,接到低压电网的绕组称为低压绕组。高压绕组匝数多,导线细,电阻值比低压绕组的大;低压绕组匝数少,导线粗,电阻值比高压绕组的小。

附件也是变压器的组成部分之一,包括油箱、油枕、测温装置、分接开关、安全气道、气体继电器、绝缘套管等,其作用是保证变压器的安全和可靠运行。

3.1.2　变压器的分类

为了达到不同的使用目的,并适应不同的工作条件,变压器有很多种类型,可按用途、容量、相数、铁芯结构、绕组结构、调压方式、冷却方式进行分类。

(1)按用途不同,变压器可分为电力变压器(又可分为升压变压器、降压变压器、配电变压器、厂用变压器等)、特种变压器(电炉变压器、整流变压器、电焊变压器等)、仪用变压器(电压互感器、电流互感器)以及试验用的高压变压器和调压器等。

（2）按容量不同，变压器可分为：小型变压器，容量为 630 kV·A 及以下；中型变压器，容量为 800～6300 kV·A；大型变压器，容量为 8000～63000 kV·A；特大型变压器，容量为 900000 kV·A 及以上。

（3）按相数不同，变压器可分为单相、三相、多相（如整流用六相）变压器。

其他分类方法见教材。

3.1.3　变压器的工作原理

变压器的工作原理的基础是法拉第的电磁感应定律。从变压器的结构可知，变压器的主体是铁芯和套在铁芯上的绕组。把接入交流电源的绕组设定为原绕组，把接负载的绕组设定为副绕组，当原绕组通以交流电流时，在其铁芯中产生交变磁通，根据电磁感应原理，原、副绕组都产生感应电动势，副绕组的感应电动势相当于新的电源，这就是变压器的基本工作原理。

变压器原绕组从交流电源吸收电能传递到副绕组供给负载，铁芯中的磁通是能量传递的中介和桥梁。变压器只能传递电能，而不能产生电能；它只能改变电压或电流的大小，而不能改变频率；在传递过程中，它几乎不改变电流与电压的乘积，即 $P = U_1 I_1 \approx U_2 I_2$。因此，要求变压器原、副绕组必须具备良好的磁耦合，并且铁芯材料具有良好的磁导率。在制作铁芯时，要尽量减少磁阻（对一般变压器而言）。绕组的放置要考虑绝缘，也要考虑安全生产，因此，心式变压器高压绕组一般放在低压绕组的外面。

3.1.4　变压器的作用

（1）变压作用。能够将高电压变为低电压（降压变压器），也可将低电压变为高电压（升压变压器）。

（2）变流作用。原、副绕组电流的大小与原、副绕组的匝数成反比。在远距离输送电能时，要做到经济合理必须采用高压输电。

（3）变换阻抗作用。在电子设备中，往往要求负载能够获得最大的输出功率。负载若想获得最大功率，必须满足负载电阻与电源电阻相等这一条件（阻抗匹配）。但是，在一般情况下，负载电阻是一定的，不能随意改变，因此很难得到满意的阻抗匹配。利用变压器可以进行阻抗变换，适当地选择变压器的匝数比，把它接在电源与负载之间，从而可以实现阻抗匹配，使负载获得最大的输出功率。

3.1.5　变压器章节主要公式

（1）理想变压器指的是铁芯磁导率为无穷大，没有漏磁通，没有损耗，线圈没有电阻，全部磁通与原、副绕组同时交链，这时，原、副绕组中感应的电动势 E_1 及 E_2 分别为：

$$U_1 \approx E_1 = 4.44 N_1 f \Phi_m = 4.44 N_1 f S B_m$$
$$U_2 \approx E_2 = 4.44 N_2 f \Phi_m = 4.44 N_2 f S B_m$$

（2）变压器是传递电能的电气设备，工作时电压平衡方程式为：

$$\dot{U}_1 = -\dot{E}_1 - \dot{E}_{s1} + r_1 \dot{I}_0 = -\dot{E}_1 + Z_{s1}\dot{I}_0 \approx -\dot{E}_1$$
$$\dot{U}_2 = \dot{E}_2 + \dot{E}_{s2} - r_2 \dot{I}_2 = \dot{E}_2 - Z_{s2}\dot{I}_2 \approx \dot{E}_2$$

（3）变压器的磁动势平衡方程式为：

$$\dot{I}_1 N_1 + \dot{I}_2 N_2 = \dot{I}_0 N_1$$

（4）变压器的变比为：

$$K = \frac{E_1}{E_2} = \frac{N_1}{N_2} \approx \frac{U_1}{U_2} = \frac{I_2}{I_1}$$

（5）变压器副绕组电流的大小和性质取决于负载的大小和性质。电流的大小为：

$$I_2 = \frac{U_2}{Z_L}$$

从变压器的磁动势方程式知道，原、副绕组的电流 $\dot{I}_1$ 和 $\dot{I}_2$ 是反相的。副绕组电流 $\dot{I}_2$ 建立的磁动势 $\dot{I}_2 N_2$ 在铁芯中产生的磁通，对原绕组 $\dot{I}_1$ 建立的磁动势 $\dot{I}_1 N_1$ 在铁芯中产生的磁通而言，具有抵消作用。变压器正常运行，副绕组的电流增大时，原绕组的电流也随之增大。因此，原绕组电流大小是由副绕组电流大小决定的。

（6）原绕组与副绕组的阻抗关系为：

$$Z_1 = K^2 Z_L$$

即：变比为 K 的变压器，可以把其副绕组的负载阻抗，变换为对电源来说扩大到 K^2 倍的等效阻抗。

（7）变压器的外特性：变压器带负载时，其输出电压随着负载电流的变化而变化。当原绕组电压 U_1、电源频率 f 及负载功率因数 $\cos\varphi_2$ 不变时，副绕组 U_2 随副绕组电流 I_2 变化的关系曲线 $U_2 = f(I_2)$，被称为变压器的外特性曲线。当负载为电阻性和电感性时，外特性曲线是下降的，且电感性下降较多。当负载为电容性时，通常外特性曲线是上升的。负载功率因数越低，外特性曲线下降（或上升）幅度越大。

（8）变压器电压调整率：变压器由空载到额定负载运行时，端电压变化的差值与空载额定电压的比值称为变压器电压调整率，即：

$$\Delta U\% = \frac{U_{2N} - U_2}{U_{2N}} \times 100\% = \frac{\Delta U}{U_{2N}} \times 100\%$$

电压调整率表征电网电压的稳定性，是变压器的主要性能指标之一。它在一定程度上反映了供电的质量，并与变压器参数及负载性质有关。对于电力变压器，由于其原、副绕组的电阻和漏抗都很小，额定负载时，电压调整率为 $4\% \sim 6\%$，但当负载功率因数 $\cos\varphi_2$ 下降时，电压调整率会明显增大。因此，提高企业供电的功率因数，可减少电压波动。

（9）变压器效率：由于变压器的铁芯和绕组在传输电能时有损耗（主要是铁耗和铜耗），输入功率大于输出功率。输出功率与输入功率的比值称为变压器的效率，即：

$$\eta = \frac{P_2}{P_1} \times 100\% = \frac{P_2}{P_2 + p_{Fe} + p_{Cu}} \times 100\%$$

（10）变压器在出厂前及检修后，都必须做空载试验和短路试验，以确定变压器的铁芯损耗 p_{Fe}、变比 K、空载电流 I_0 和励磁阻抗 Z_m，以及变压器的额定铜损耗 p_{Cu}、短路电压 U_K 和短路阻抗 Z_K。这两项实验是测定变压器特性的基本实验。

（11）三相变压器较单相变压器应用得更为广泛，因为在电力系统中，输配电都是采用三相制，三相变压器的磁路结构主要有两种：一是各相磁路没有直接关系的三相变压器组成的磁路；二是三相磁路彼此有直接关系的三相心式变压器。不同的磁路结构，变压器的运行和经济效益是不同的。

(12)变压器绕组的极性是指变压器原、副绕组感应电动势之间的相位关系。相位相同的端点称同极性或同名端。绕组极性的判别依据是法拉第电磁感应定律和楞次定律，判断方法有电压表法和灵敏电流计法。

(13)三相变压器的原、副绕组都可以采用星形和三角形连接。采用星形、三角形连接要注意绕组的首、末端，即绕组的首、末端不能弄错。V形连接一般适用于两台单相变压器作三相运行时采用。

(14)三相变压器连接组别的判别方法中，以时钟表示法最为方便、简单、适用。时钟表示法即以高压绕组的线电动势为长针(分针)，方向始终指向钟面上数字"12"点，以低压绕组的线电动势为短针(时针)，方向指向钟面上的某一钟点数，其与高压绕组线电动势的相位差的大小由钟面上长短针之间的夹角表示出来。换句话说，就是把一个一次侧对应的线电势相量和二次侧对应的线电势相量分别看作时钟的分针和时针，使一次侧的线电动势恒指向时钟的"12"点，这时对应的二次侧线电动势相量指向时钟的几点，我们就称它为第几连接组。我们务必掌握用此方法来判断三相变压器的连接组别的步骤，因为它十分直观，极其简单，也不会出错。

(15)三相变压器并联运行必须具备一定的条件：第一，变比必须相等；第二，短路电压也要相同；第三，变压器的连接组别也必须相同，此外并联变压器的容量之比不能大于3∶1。

3.2 基本要求

(1)在了解变压器基本结构的基础上，通过变压器的空载运行掌握变压器的工作原理，以及影响变压器中感应电动势的大小的因素；掌握变压器感应电动势表达式、工作时电压平衡方程式、磁动势平衡方程式、变压器的变比等。

(2)掌握变压器副绕组电流大小和性质的取决因素及表达式。

(3)掌握变压器外特性及电压调整率的概念和表达式及曲线含义。

(4)必须理解变压器铭牌数据的意义(型号、各种额定数据)。

(5)了解变压器的损耗(内部损耗包括铁耗和铜耗)、效率及表达式。

(6)理解变压器出厂前或检修后必须做空载实验和短路实验的重要性。

(7)掌握变压器绕组极性(同名端)的判别方法。

(8)掌握变压器的空载实验和短路实验。

(9)掌握三相变压器的连接组别和判别方法，重点掌握时钟判别法。

(10)理解变压器并联运行的优越性及变压器并联运行必须满足的三个条件。

3.3 重点难点

1. 重点

(1)变压器的原、副绕组中感应电动势表达式的含义。

(2)作为传递电能的电气设备，变压器工作时的电压平衡方程式。

(3)变压器的变比、外特性、电压调整率、效率、损耗的概念。

(4)变压器绕组的极性(同名端)的概念及判断方法。

(5)三相变压器星形连接和三角形连接,总结三相变压器连接组别的规律。

(6)时钟判断三相变压器的连接组别主要内容。

2. 难点

本章节较难理解的内容是变压器运行原理、能量的传递,以及内部的电磁过程。还有变压器工作时,感应电动势、电压平衡式、磁动势的表达式和各种符号的确定。

变压器的空载实验和短路实验的重要性,以及短路实验必须注意的因素,三相变压器的连接组别,以及三相变压器连接组别的判别方法,也是本章较难理解的部分。

3.4 实验内容及能力考察范围

实验五 单相变压器空载/短路实验

【实验目的】

(1)通过空载实验测定变压器的变比和参数。

(2)通过空载实验测取变压器的空载特性曲线。

(3)通过短路实验绘出短路特性曲线并计算短路参数。

(4)绘出变压器的"T"形等效电路。

【实验器材】

(1)三相调压器。

(2)三相组式变压器:T_1。

(3)MK03 交流电压表模块:交流电压表 1#。

(4)MK04 交流电流表模块:交流电流表 1#。

(5)MK05 单相交流表模块:功率表 1#。

(6)导线等。

【实验内容】

(1)测取变压器的变比和参数。

(2)测取空载特性 $U_0 = f(I_0)$,$P_0 = f(U_0)$。

(3)测取短路特性 $U_K = f(I_K)$,$P_K = f(I_K)$。

【实验步骤】

1. 空载特性 $U_0 = f(I_0)$,$P_0 = f(U_0)$ 的测取实验步骤

(1)单相变压器空载特性实验原理图见图 3 - 1。

(2)空载特性接线按图 3 - 2 接线,接好线经老师检查无误后方可通电调试。

(3)将三相调压器逆时针调到底。

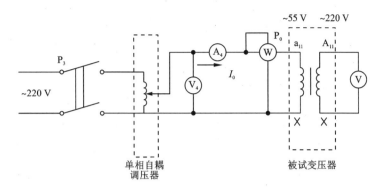

图 3 - 1　单相变压器空载实验原理图

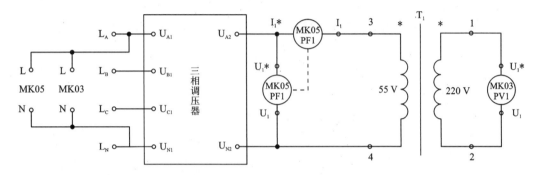

图 3 - 2　单相变压器空载实验接线图

(4)通过一体机软件上电(或接通电源启停旋钮),合上交流电源开关。

(5)调节三相调压器,使变压器空载电压 $U_0 = 1.2U_N = 66$ V,然后逐渐降低电源电压,在 $1.2 \sim 0.2U_N$ 内,测取变压器的 U_0、I_0、P_0、U_A。测取数据时,$U_0 = U_N$ 点必须测,并在该点附近测的点较密,将数据记录在表 3 - 1 中。

(6)实验完成后,通过一体机软件下电(或切断电源启停旋钮),断开交流电源开关;将三相调压器逆时针调到底。

表 3 - 1　空载实验数据记录

序号	实验数据				计算数据
	U_0/V	I_0/A	P_0/W	U_A/V	$\cos\varphi_0$
1					
2					
3					
4					
5					
6					

（7）计算变比，绘制特性曲线。

1）计算变比。

根据空载实验测变压器的原方（高压边 12）、副方（低压边 34）电压的数据，分别计算出变比，然后取其平均值作为变压器的变比 K，即：

$$K = U_{12}/U_{34}$$

2）绘出空载特性曲线和计算激磁参数。

①绘出空载特性曲线。

$$U_0 = f(I_0)，P_0 = f(U_0)，\cos\varphi_0 = f(U_0)$$

式中：$\cos\varphi_0 = \dfrac{P_0}{U_0 I_0}$。

②计算激磁参数。

从空载特性曲线上查出对应于 $U_0 = U_N$ 的 I_0 和 P_0 值，并由下式算出激磁参数：

$$r_{\mathrm{m}} = \frac{P_0}{I_0^2}，Z_{\mathrm{m}} = \frac{U_0}{I_0}，X_{\mathrm{m}} = \sqrt{Z_{\mathrm{m}}^2 - r_{\mathrm{m}}^2}$$

2. 短路特性 $U_K = f(I_K)$，$P_K = f(I_K)$ 实验的测取步骤

（1）单相变压器短路特性实验原理图见图 3 - 3。

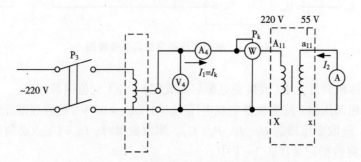

图 3 - 3　单相变压器短路实验原理图

（2）单相变压器短路实验按图 3 - 4 接线，接好线经老师检查无误后方可通电调试。

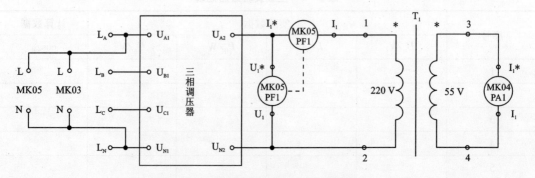

图 3 - 4　单相变压器短路实验接线图

（3）将三相调压器逆时针调到底。

（4）通过一体机软件上电（或接通电源启停旋钮），合上交流电源开关。

（5）缓慢调节三相调压器，使变压器的短路电流 $I_2 = 1.1I_{2N} = 8.8$ A，在 $0.2 \sim 1.1I_{2N}$ 内，测取变压器的 U_K、I_K、P_K。测取数据时，$I_2 = I_{2N}$ 点必须测，并在该点附近测的点较密，将数据记录在表 3 - 2 中。

（6）实验完成后，通过一体机软件下电（或切断电源启停旋钮），断开交流电源开关；将三相调压器逆时针调到底。

表 3 - 2　短路实验数据记录　　　　　　　　　室温/℃

序号	实验数据			计算数据
	U_K/V	I_K/A	P_K/W	$\cos\varphi_K$
1				
2				
3				
4				
5				

（7）绘出短路特性曲线和计算短路参数。

1）绘出短路特性曲线。

$$U_K = f(I_K)，P_K = f(I_K)，\cos\varphi_K = f(I_K)$$

2）计算短路参数。从短路特性曲线上查出对应于短路电流 $I_K = I_{KN}$ 时的 U_K 和 P_K 值，由下式算出实验环境温度为 $\theta(℃)$ 时的短路参数：

$$Z_K' = \frac{U_K}{I_K}，r_K' = \frac{P_K}{I_K^2}，X_K' = \sqrt{Z_K'^2 - r_K'^2}$$

折算到低压方，即：

$$Z_K = \frac{Z_K'}{K^2}，r_K = \frac{r_K'}{K^2}，X_K = \frac{X_K'}{K^2}$$

由于短路电阻 r_K 随温度变化，因此，算出的短路电阻应按国家标准换算到基准工作温度 75℃ 时的阻值，即：

$$r_{K=75℃} = r_{K=\theta}\frac{234.5 + 75}{234.5 + \theta}$$

$$Z_{K=75℃} = \sqrt{r_{K=75℃}^2 + X_K^2}$$

式中：234.5 为铜导线的常数，若用铝导线，该常数应该为 228。

计算短路电路电压（阻抗电压）百分数。

$$U_K(\%) = \frac{I_{KN}Z_{K=75℃}}{U_{KN}} \times 100\%，U_{Kr}(\%) = \frac{I_N r_{K=75℃}}{U_N} \times 100\%，U_{KX}(\%) = \frac{I_N X_K}{U_N} \times 100\%$$

计算得 $I_K = I_N$ 时的短路损耗为 $P_{KN} = I_N^2 r_{K=75℃}$。

（8）绘出"T"形等效电路。

利用以空载和短路实验测定的参数，画出被试变压器折算到低压方的"T"形等效电路。

【注意事项】

（1）在变压器实验中，为了减少实验误差，提高实验数据的相对精度，应注意电压表、电流表、功率表的合理布置与选择。

（2）短路实验操作要快，否则线圈发热会引起电阻变化。

【问题研讨】

（1）变压器的空载电流的大小与哪些因素有关？

（2）原方为 220 V 的变压器，为什么不能接在 380 V 的电压下运行？

（3）额定电压为 220 V 的变压器，为什么不能接在 220 V 的直流电源上运行？

实验六　单相变压器负载实验

【实验目的】

通过负载实验测取变压器的外特性，确定电压变化率和效率。

【实验器材】

（1）三相调压器。

（2）三相组式变压器：T_1。

（3）MK04 交流电流表模块：交流电流表 $1^{\#}$、$2^{\#}$、$3^{\#}$。

（4）MK05 单相交流表模块：功率表 $1^{\#}$、$2^{\#}$。

（5）MK07 交流并网及切换开关模块：SW_1、SW_2、SW_3。

（6）可调电阻 $2^{\#}$：R_{P7}、R_{P9}、R_{P11}。

（7）导线等。

【实验内容】

负载实验：保持 $U_1 = U_{1N}$，$\cos\varphi_2 = 1$ 的条件下，测取 $U_2 = f(I_2)$。

【实验步骤】

（1）单相变压器负载实验原理图见图 3 – 5。

（2）单相变压器负载实验按图 3 – 6 接线，接好线经老师检查无误后方可通电调试。

（3）将三相调压器逆时针调到底，将 R_{P7}、R_{P9} 和 R_{P11} 顺时针调至阻值最大位置，将 SW_1、SW_2 和 SW_3 开关打到中间位置。

（4）通过一体机软件上电（或接通电源启停旋钮），合上交流电源开关。

（5）调节三相调压器，逐渐升高电源电压，使变压器空载电压 $U_1 = U_{1N} = 220$ V。

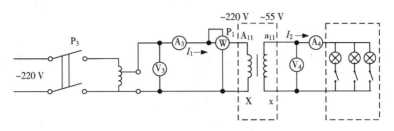

图 3 - 5　单相变压器负载实验原理图

（6）逐步合上负载开关（开关由中间打到左侧），依次合上 SW_1、SW_2 及 SW_3，调节 R_{P7}、R_{P9} 及 R_{P11}，使变压器负载电流 $I_2 = I_{2N} = 8$ A（注意：负载电流每条支路不得超过 2.7 A），测取变压器输出电压 U_2 和电流 I_2，测取数据时，$I_2 = 0$ 和 $I_2 = I_{2N} = 8$ A 处必测，在 $I_2 = I_{2N} = 8$ A 附近应快速测量，将过程数据记录在表 3 - 3 中。

表 3 - 3　负载实验数据记录 $\cos\varphi_2 = 1$，$U_1 = U_{1N} = $ V

序号	U_2/V	I_2/A
1		
2		
3		
4		
5		

（7）实验完成后，通过一体机软件下电（切断电源启停旋钮），断开交流电源开关；将三相调压器逆时针调到底，将 R_{P7}、R_{P9} 和 R_{P11} 顺时针调至阻值最大位置，将 SW_1、SW_2 和 SW_3 开关打到中间位置。

（8）计算变压器的电压变化率 Δu。

1）绘出 $\cos\varphi_2 = 1$ 时的外特性曲线 $U_2 = f(I_2)$，由特性曲线计算出 $I_2 = I_{2N}$ 时的电压变化率，即：

$$\Delta u = \frac{U_{20} - U_2}{U_{20}} \times 100\%$$

2）根据实验求出的参数，算出 $I_2 = I_{2N}$、$\cos\varphi_2 = 1$ 时的电压变化率，即：

$$\Delta u = U_{Kr}\cos\varphi_2 + U_{Kx}\sin\varphi_2$$

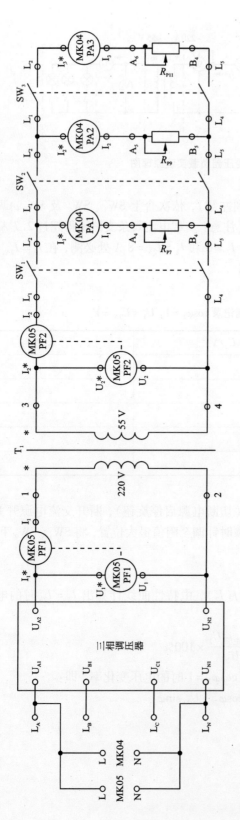

图3-6 单相变压器负载实验接线图

实验七 三相变压器空载实验

【实验目的】

(1)通过空载实验,测定三相变压器的变比和参数。

(2)通过空载实验,测取变压器的空载特性曲线。

【实验器材】

(1)三相调压器。

(2)三相芯式变压器:T_4、T_5、T_6。

(3)MK03 交流电压表模块:交流电压表 $1^\#$、$2^\#$、$3^\#$。

(4)MK06 智能测控仪表模块:交流电表。

(5)导线等。

【实验内容】

(1)通过空载实验,测定三相变压器的变化。

(2)测取空载特性 $U_0 = f(I_0)$,$P_0 = f(U_0)$,$\cos\varphi_0 = f(U_0)$。

【实验步骤】

(1)三相变压器空载实验原理图见图 3 – 7。

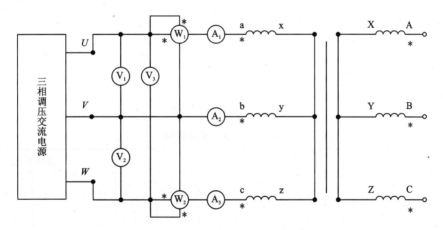

图 3 – 7 三相变压器空载实验原理图

(2)三相变压器空载实验按图 3 – 8 接线,接好线经老师检查无误后方可通电调试。

(3)将三相调压器逆时针调到底。

(4)接通电源启停旋钮,合上交流电源开关。

(5)调节三相调压器,使变压器空载电压 $U_0 = 0.5U_N = 95$ V,测取变压器高、低压线圈的线电压 U_{AB}、U_{BC}、U_{CA}、U_{ab}、U_{bc}、U_{ca},将数据记录在表 3 – 4 中。

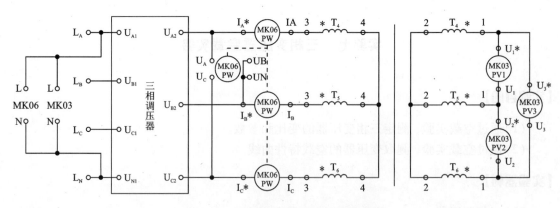

图 3 - 8　三相变压器应载实验接线图

（6）再次调节三相变压器，使变压器空载电压 $U_0 = 1.2U_N = 228$ V，然后逐渐降低电源电压，在 $1.2 \sim 0.2U_N$ 内，测取变压器的三相电压、电流和功率。测取数据时，在 $U_0 = U_N = 220$ V点必须测，并在该点附近测的点较密，将过程数据记录在表 3 - 5 中。

（7）实验完成后，切断电源启停旋钮，断开交流电源开关；将三相调压器逆时针调到底。

表 3 - 4　变比实验数据

高压绕组线电压/V			低压绕组线电压/V			变比 K		
U_{AB}	U_{BC}	U_{CA}	U_{ab}	U_{bc}	U_{ca}	K_{AB}	K_{BC}	K_{CA}

计算变比 K，计算公式如下：

$$K_{AB} = \frac{U_{AB}}{U_{ab}}, \quad K_{BC} = \frac{U_{BC}}{U_{bc}}, \quad K_{CA} = \frac{U_{CA}}{U_{ca}}$$

则平均变比为：

$$K = \frac{1}{3}(K_{AB} + K_{BC} + K_{CA})$$

表 3 - 5　空载实验数据

序号	实验数据								计算数据			
	U_0/V			I_0/A			P_0/W		U_0/V	I_0/A	P_0/W	$\cos\varphi_0$
	U_{ab}	U_{bc}	U_{ca}	I_a	I_b	I_c	P_{01}	P_{02}				
1												
2												
3												
4												
5												
6												
7												

（8）计算变比，绘制特性曲线。

1）计算变压器的变比。

根据实验数据，计算各线电压之比，然后取其平均值作为变压器的变比，计算公式如下：

$$K_{AB} = \frac{U_{AB}}{U_{ab}}, \quad K_{BC} = \frac{U_{BC}}{U_{bc}}, \quad K_{CA} = \frac{U_{CA}}{U_{ca}}$$

则三相变压器变比为：

$$K = \frac{1}{3}(K_{AB} + K_{BC} + K_{CA})$$

2）绘出空载特性曲线和计算激磁参数。

①绘出空载特性曲线。

$$U_0 = f(I_0), \quad P_0 = f(U_0), \quad \cos\varphi_0 = f(U_0)$$

式中：$U_0 = \dfrac{U_{ab} + U_{bc} + U_{ca}}{3}$，$I_0 = \dfrac{I_a + I_b + I_c}{3}$，$P_0 = P_{01} + P_{02}$，$\cos\varphi_0 = \dfrac{P_0}{\sqrt{3}U_0 I_0}$。

②计算激磁参数。

从空载特性曲线上查出对应于 $U_0 = U_N$ 时的 I_0 和 P_0 值，并由下式算出激磁参数，即：

$$r_m = \frac{P_0}{3I_0^2}, \quad Z_m = \frac{U_0}{\sqrt{3}I_0}, \quad X_m = \frac{\sqrt{3}I_0}{\sqrt{Z_m^2 - r_m^2}}$$

实验八　三相变压器短路实验

【实验目的】

（1）通过短路实验，绘出短路特性曲线和计算短路参数。

（2）绘出变压器的等效电路。

【实验器材】

（1）三相调压器。

（2）三相芯式变压器：T_4、T_5、T_6。

（3）MK04 交流电流表模块：交流电流表 1#、2#、3#。

（4）MK06 智能测控仪表模块：交流电表。

（5）导线等。

【实验内容】

测取短路特性 $U_K = f(I_K)$，$P_K = f(I_K)$，$\cos\varphi_K = f(I_K)$。

【实验步骤】

（1）三相变压器短路实验原理图见图 3-9。

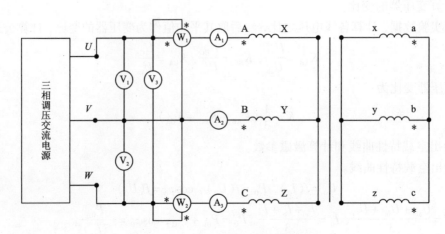

图 3-9　三相变压器短路实验原理图

（2）三相变压器短路实验按图 3-10 接线，接好线经老师检查无误后方可通电调试。

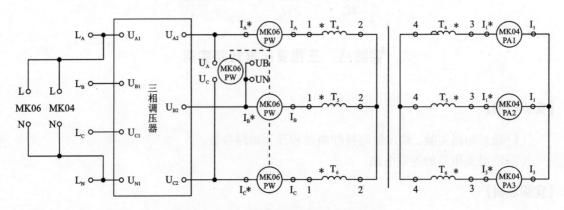

图 3-10　三相变压器短路实验接线图

（3）将三相调压器逆时针调到底。

（4）通过一体机软件上电（或接通电源启停旋钮），合上交流电源开关。

（5）缓慢调节三相调压器，使变压器的短路电流 $I_2 = 1.1 I_{2N} = 3.3$ A，在 $0.2 \sim 1.1 I_{2N}$ 内，测取变压器的 U_K、I_K、P_K。测取数据时，$I_2 = I_{2N}$ 点必须测，并在该点附近测的点较密，将过程数据记录在表 3-6 中。

（6）实验完成后，通过一体机软件下电（或切断电源启停旋钮），断开交流电源开关；将三相调压器逆时针调到底。

表 3 - 6　短路实验数据　　　　　　　　　　　　　　　　　　室温/℃

序号	实验数据								计算数据			
	U_K/V			I_K/A			P_K/W		U_K/V	I_K/A	$P_K = P_{W1} + P_{W2}$ (W)	$\cos\varphi_k$
	U_{AB}	U_{BC}	U_{CA}	I_A	I_B	I_C	P_{W1}	P_{W2}				
1												
2												
3												
4												
5												
6												
7												

（7）绘出短路特性曲线和计算短路参数。

1）绘出短路特性曲线。

$$U_K = f(I_K)，P_K = f(I_K)，\cos\varphi_k = f(I_K)$$

式中：$U_K = \dfrac{U_{AB} + U_{BC} + U_{CA}}{3}$，$I_K = \dfrac{I_A + I_B + I_C}{3}$，$P_K = P_{W1} + P_{W2}$，$\cos\varphi_k = \dfrac{P_K}{\sqrt{3}U_K I_K}$。

2）计算短路参数。从短路特性曲线上查出对应于短路电流 $I_K = I_N$ 时的 U_K 和 P_K 值，由下式算出实验环境温度为 θ（℃）时的短路参数：

$$Z'_K = \frac{U_K}{\sqrt{3}I_N}，\quad r'_K = \frac{P_K}{3I_N^2}，\quad X'_K = \sqrt{Z_K'^2 - r_K'^2}$$

折算到低压方，即：

$$Z_K = \frac{Z'_K}{K^2}，\quad r_K = \frac{r'_K}{K^2}，\quad X_K = \frac{X'_K}{K^2}$$

由于短路电阻 r_K 随温度变化，因此，算出的短路电阻应按国家标准换算到基准工作温度 75℃ 时的阻值，即：

$$r_{K=75℃} = r_{K=\theta}\frac{234.5 + 75}{234.5 + \theta}$$

$$Z_{K=75℃} = \sqrt{r_{K=75℃}^2 + X_K^2}$$

式中：234.5 为铜导线的常数，若用铝导线，该常数应该为 228。

计算短路电路电压（阻抗电压）百分数。

$$U_K(\%) = \frac{\sqrt{3}I_N Z_{K=75℃}}{K^2} \times 100\%，\quad U_{Kr}(\%) = \frac{\sqrt{3}I_N r_{K=75℃}}{U_N} \times 100\%，\quad U_{KX}(\%) = \frac{\sqrt{3}I_N X_K}{U_N} \times 100\%$$

计算得 $I_K = I_N$ 时的短路损耗为 $P_{KN} = 3I_N^2 r_{K=75℃}$。

（8）绘出"T"形等效电路。

利用以空载和短路实验测定的参数，画出被试变压器折算到低压方的"T"形等效电路。

实验九　三相变压器负载实验

【实验目的】

通过负载实验,测取三相变压器的运行特性,确定电压变化率和效率。

【实验器材】

(1)三相调压器。

(2)三相芯式变压器: T_4、T_5、T_6。

(3)MK05 单相交流表模块:功率表 $1^\#$。

(4)MK06 智能测控仪表模块:交流电表。

(5)MK07 交流并网及切换开关模块: SW_1。

(6)可调电阻 $2^\#$: $R_{P7/8}$、$R_{P9/10}$、$R_{P11/12}$。

(7)导线等。

【实验内容】

纯电阻负载实验:保持 $U_1 = U_{1N}$,$\cos\varphi_2 = 1$ 的条件下,测取 $U_2 = f(I_2)$。

【实验步骤】

(1)三相变压器负载实验原理图,如图 3 - 11 所示。

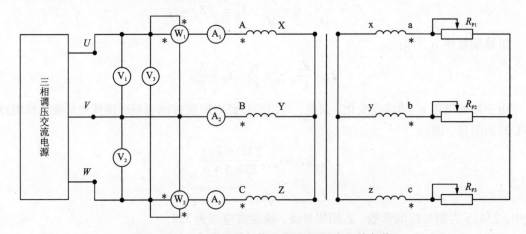

图 3 - 11　三相变压器负载实验原理图(电阻性负载)

(2)三相变压器负载实验按图 3 - 12 接线,接好线经老师检查无误后方可通电调试。

(3)将三相调压器逆时针调到底,将 $R_{P7/8}$、$R_{P9/10}$ 和 $R_{P11/12}$ 顺时针调至阻值最大位置,将 SW_1 开关打到中间位置。

(4)通过一体机软件上电(或接通电源启停旋钮),合上交流电源开关。

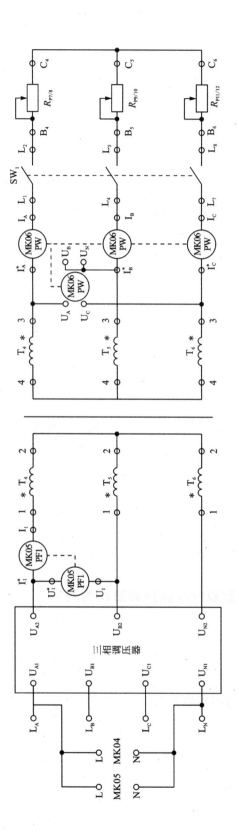

图3-12　三相变压器负载实验接线图

（5）调节三相调压器，使变压器空载电压 $U_1 = U_{1N} = 380$ V。

（6）合上负载开关 SW$_1$（开关由中间打到左侧），逐渐逆时针同步减小负载电阻 $R_{P7/8}$、$R_{P9/10}$ 和 $R_{P11/12}$，使变压器三相负载电流 $I_2 = I_{2N} = 3$ A（电流不得超过 3 A），测取三相变压器的输出电压 U_2 和电流 I_2，测取数据时，$I_2 = 0$ 和 $I_2 = I_{2N} = 3$ A 处必测，在 $I_2 = I_{2N} = 3$ A 附近应快速测量，将过程数据记录在表 3 – 7 中。

表 3 –7　负载实验数据 $\cos\varphi_2 = 1$，$U_1 = U_{1N} =$ V

序号	U/V				I/A			
1	U_{AB}	U_{BC}	U_{CA}	U_2	I_A	I_B	I_C	I_2
2								
3								
4								
5								

（7）实验完成后，切断电源启停旋钮，断开交流电源开关；将三相调压器逆时针调到底，将 $R_{P7/8}$、$R_{P9/10}$ 和 $R_{P11/12}$ 顺时针调至阻值最大位置，将 SW$_1$ 开关打到中间位置。

（8）计算变压器的电压变化率 ΔU。

1）根据实验数据绘出 $\cos\varphi_2 = 1$ 时的外特性曲线 $U_2 = f(I_2)$，由特性曲线计算出 $I_2 = I_{2N}$ 时的电压变化率，即：

$$\Delta U = \frac{U_{20} - U_2}{U_{2N}} \times 100\%$$

2）根据实验求出的参数，算出 $I_2 = I_N$、$\cos\varphi_2 = 1$ 时的电压变化率，即：

$$\Delta u = U_{Kr}\cos\varphi_2 + U_{Kx}\sin\varphi_2$$

将两种计算结果进行比较，并分析不同性质的负载对变压器输出电压 U_2 的影响。

实验十　三相变压器极性及连接和组别的测定

【实验目的】

（1）熟悉判断绕组的方法。

（2）掌握用实验方法判别变压器的连接组别的方法。

【实验器材】

（1）三相芯式变压器：T$_4$、T$_5$、T$_6$。

（2）MK07 交流并网及切换开关模块：SW$_1$。

（3）万用表。

（4）导线等。

【实验内容】

（1）绕组的判别。

（2）连接并判定 Y/Y – 12 连接组。

（3）连接并判定 Y/Y – 6 连接组。

（4）连接并判定 Y/△ – 11 连接组。

（5）连接并判定 Y/△ – 5 连接组。

【实验步骤】

1. 绕组的判别

三相变压器有 6 个绕组，12 个接头（端点）。其中 3 个原绕组分别标以 T_{41} – T_{42}，T_{51} – T_{52}，T_{61} – T_{62}；3 个副绕组分别标以 T_{43} – T_{44}，T_{53} – T_{54}，T_{63} – T_{64}。在标号不清的情况下，可以根据下述方法来判别。

例如，一个三铁芯柱三相变压器，有 12 个端点，没有标号，要求连成 Y/Y – 12 或 Y/Y – 6 或 Y/△ – 5 或 Y/△ – 11 或其他组别，就必须首先判别绕组，其步骤如下：

（1）判别同一绕组所属的端点有万用表判别法和电压表指示法两种方法。

1）万用表判别法。将万用表转到欧姆电阻的 1 K 挡，先用电表的一根探针固接变压器的任一端点，再用电表的另一根探针碰变压器的其他端点，如果电表指针突然转动一个较大的角度，则表示所碰的变压器端点与电表固接的端点为同一绕组所属的两端点。照此进行，可以判别出全部六个绕组的所属端点。

2）电压表指示法。将一只 250 V 以上量程的交流电压表接到 220 V 的交流电网上，见图 3 – 13，用探针碰接变压器的端点，如电压表有读数，则此端点与固接电源的端点同属一个绕组，其余绕组的判别照此类推。

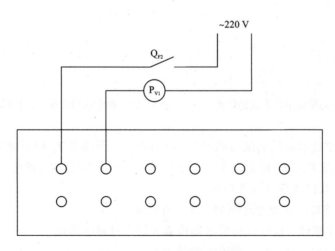

图 3 – 13　电压表指示法接线

（2）判别高压绕组或低压绕组的方法。

也可以用上述两种方法来确定。用万用表判别时，欧姆阻值大的为高压绕组；欧姆阻值小的为低压绕组。用交流电压表判别时，将电压表与绕组串联于交流电源上，电压表读数较低的为高压绕组；电压表读数较高的为低压绕组。

（3）判别同相（即同一铁芯柱）两绕组的方法。

将原绕组的任意一相接上交流电源，用交流电压表依次实测每一个副绕组的端电压，其中电压最大的那个副绕组与接上电源的原绕组属于同相，因为穿过同相副绕组的磁通最大，故感应电势最高。其他两相依同法确定。

（4）绕组同名端的判别方法。

有直流电压表判别法和交流电压表判别法两种。前者常用于小容量控制用变压器及脉冲变压器的同名端的确定，后者常用于电力变压器同名端的确定。下面介绍用交流电压表判别同名端的一种接线方式。

按图 3 – 14 接线，可以确定同相两绕组的同名端。如果电压表低于 220 V 交流电压，表示电压表两探针所接两端点为同名端，为 T_{41} 和 T_{43}；如果读数高于 220 V 交流电压，表示所接两端点为异名端，为 T_{41} 和 T_{42}。

当第一原绕组任意标上了 T_{41} 和 T_{42} 后，其他两相（T_5 和 T_6 相）原绕组与 T_4 相原绕组同名端必须测定。这时按图 3 – 15 接线。如果电压表读数高于 220 V（用 500 V 挡），则电压表探针所接两端为异名端，为 T_{41} 和 T_{42}，T_6 相原绕组同名端依同法确定。图 3 – 14 为确定同相绕组同名端的接线，图 3 – 15 为确定各相间原绕组（或副绕组）同名端的接线。

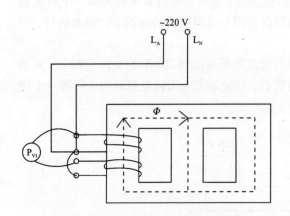 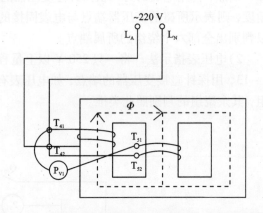

图 3 – 14　确定同相绕组同名端的接线　　图 3 – 15　确定各相间原绕组（或副绕组）同名端的接线

T_4 相和 T_5 相副绕组的同名端参照图 3 – 15 接线，如同确定 T_4 相副绕组同名端的道理和过程，可以确定端点 T_{53}、T_{54} 和 T_{63}、T_{64}。至此，全部绕组的同名端被确定。

2. Y/Y – 12 连接组连接方法及组别

（1）Y/Y – 12 连接的实验原理图如图 3 – 16 所示。

（2）按图 3 – 17 接线，接好线后经老师检查无误方可通电调试。

（3）接通电源启停旋钮，合上交流电源开关。

（4）将 SW_1 开关打到左侧位置，用万用表测量实验数据，将过程数据记录在表 3 – 8 中。

（5）实验完成后，切断电源启停旋钮，断开交流电源开关；将 SW_1 开关打到中间位置。

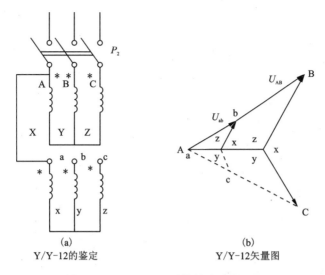

(a)　　　　　　　　　　　　　　　(b)
Y/Y-12 的鉴定　　　　　　　　Y/Y-12 矢量图

图 3 – 16　Y/Y – 12 连接的实验原理图

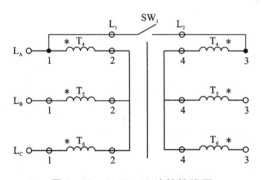

图 3 – 17　Y/Y – 12 连接接线图

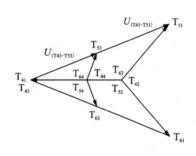

图 3 – 18　电 Y/Y – 12 矢量图

表 3 – 8　Y/Y – 12 连接方法判别实验数据

绕组连接方式	原方线电压			副方线电压			副方相电压			电压		组别判断
	$U_{T41-T51}$	$U_{T51-T61}$	$U_{T61-T41}$	$U_{T43-T53}$	$U_{T53-T63}$	$U_{T63-T43}$	$U_{T43-T44}$	$U_{T53-T54}$	$U_{T63-T64}$	$U_{T51-T53}$	$U_{T61-T63}$	

（6）T_{41} 和 T_{43} 变成等位点。因此，原、副绕组电压相量 U_{T4-T51} 和 $U_{T43-T53}$ 重合于 T_{41} 点，见图 3 – 18。此时，在 T_5 相原副绕组的 T_{51} 和 T_{53} 点间应有电压：

$$U_{T51-T53} = U_{T41-T51} - U_{T43-T53} = \left(\frac{U_{T41-T51}}{U_{T43-T53}} - 1 \right) U_{T43-T53} = U_{T43-T53}(K-1)$$

式中：$K = \dfrac{U_{T41-T51}}{U_{T43-T53}}$ 为原副绕组线电压之比，它可以用电压表直接测出 $U_{T41-T51}$ 和 $U_{T43-T53}$ 来确定。

同理，对 T_6 有：

$$U_{T61-T63} = U_{T43-T53}(K-1)$$

如果用电压表直接从 T_{51}、T_{53} 和 T_{61}、T_{63} 分别测出的电压数值，符合上式计算数值则表示极性判别正确，连接组别无误，为 Y/Y－12 连接组。

3. Y/Y－6 连接组连接方法及组别实验

（1）Y/Y－6 连接实验原理图见图 3－19。

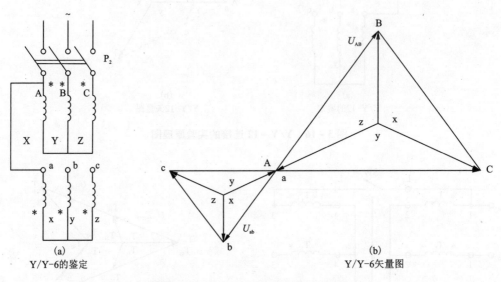

(a)
Y/Y-6的鉴定

(b)
Y/Y-6矢量图

图 3－19　Y/Y－6 连接组实验原理图

（2）Y/Y－6 连接实验按图 3－20 接线，接好线经老师检查无误后方可通电调试。

（3）接通电源启停旋钮，合上交流电源开关。

（4）将 SW_1 开关打到左侧位置，用万用表测量实验数据，将数据记录在表 3－10 中。

（5）实验完成后，切断电源启停旋钮，断开交流电源开关；将 SW_1 开关打到中间位置。

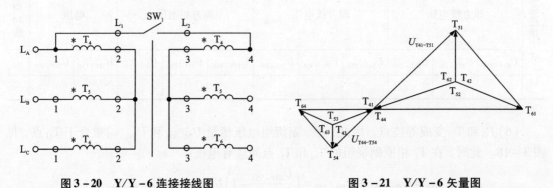

图 3－20　Y/Y－6 连接接线图　　　　**图 3－21　Y/Y－6 矢量图**

表 3－10　绕组连接方法判别实验数据

绕组连接方式	原方线电压			副方线电压			副方相电压			电压		组别判断
	$U_{T41-T51}$	$U_{T51-T61}$	$U_{T61-T41}$	$U_{T44-T54}$	$U_{T54-T64}$	$U_{T64-T44}$	$U_{T43-T44}$	$U_{T53-T54}$	$U_{T63-T64}$	$U_{T51-T54}$	$U_{T61-T64}$	

（6）根据 Y/Y－6 连接组的电势相量图（见图 3－21）可得：

$$U_{T51-T54} = U_{T61-T64} = (K_L+1)U_{T44-T54}$$

$$U_{T51-T64} = U_{T44-T54}\sqrt{K_L^2+K_L+1}$$

若由上述两式计算出的电压 $U_{T51-T54}$、$U_{T61-T64}$、$U_{T51-T64}$ 的数值与实测相同，则绕组连接正确，属于 Y/Y－6 连接组。

4．Y/△－11 连接组连接方法及组别实验

（1）Y/△－11 连接实验原理图见图 3－22。

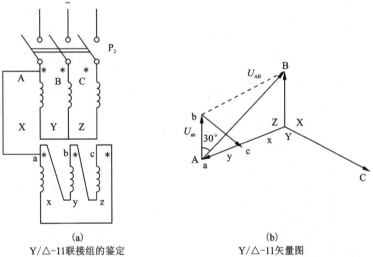

（a）Y/△-11联接组的鉴定　　　　（b）Y/△-11矢量图

图 3－22　Y/△－11 连接实验原理图

（2）按图 3－23 接线，接好线经老师检查无误后方可通电调试。

（3）接通电源启停旋钮，合上交流电源开关。

（4）将 SW_1 开关打到左侧位置，用万用表测量实验数据，将数据记录在表 3－11 中。

（5）实验完成后，切断电源启停旋钮，断开交流电源开关；将 SW_1 开关打到中间位置。

（6）根据 Y/△－11 连接组的电势相量图（见图 3－24）可得：

$$U_{T51-T53} = U_{T61-T63} = U_{T43-T53}\sqrt{K^2-\sqrt{3}K+1}$$

式中：$K = \dfrac{U_{T41-T51}}{U_{T43-T53}}$。

若由上述两式计算出的电压 $U_{T51-T53}$ 的数值与实测相同，则绕组连接正确，属于 $Y/\triangle-11$ 连接组。

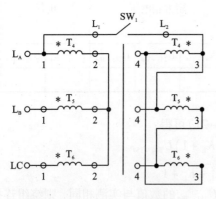

图 3 – 23 $Y/\triangle-11$ 连接接线图

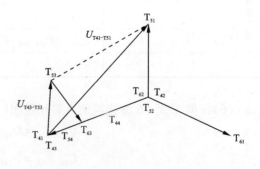

图 3 – 24 $Y/\triangle-11$ 矢量图

表 3 – 11 $Y/\triangle-11$ 连接方法判别实验数据

绕组连接方式	原方线电压			副方线电压			副方相电压			电压		组别判断
	$U_{T41-T51}$	$U_{T51-T61}$	$U_{T61-T41}$	$U_{T43-T53}$	$U_{T53-T63}$	$U_{T63-T43}$	$U_{T43-T44}$	$U_{T53-T54}$	$U_{T63-T64}$	$U_{T51-T53}$	$U_{T61-T63}$	

5.$Y/\triangle-5$ 连接组连接方法及组别

（1）$Y/\triangle-5$ 连接实验原理图见图 3 – 25。

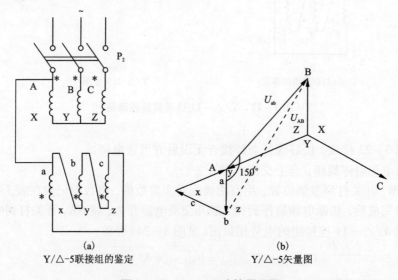

（a）

$Y/\triangle-5$ 联接组的鉴定

（b）

$Y/\triangle-5$ 矢量图

图 3 – 25 $Y/\triangle-5$ 连接原理图

（2）按图 3 - 26 接线，接好线经老师检查无误后方可通电调试。

（3）接通电源启停旋钮，合上交流电源开关。

（4）将 SW_1 开关打到左侧位置，用万用表测量实验数据，将数据记录在表 3 - 11 中。

（5）实验完成后，切断电源启停旋钮，断开交流电源开关；将 SW_1 开关打到中间位置。

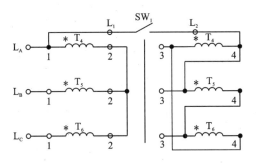

图 3 - 26　Y/△ - 5 连接接线图

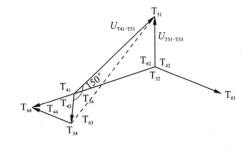

图 3 - 27　Y/△ - 5 矢量图

表 3 - 11　Y/△ - 5 连接方法判别实验数据

绕组连接方式	原方线电压			副方线电压			副方相电压			电压		组别判断
	$U_{T41-T51}$	$U_{T51-T61}$	$U_{T61-T41}$	$U_{T43-T53}$	$U_{T53-T63}$	$U_{T63-T43}$	$U_{T43-T44}$	$U_{T53-T54}$	$U_{T63-T64}$	$U_{T51-T54}$	$U_{T61-T64}$	

（6）根据 Y/△ - 5 连接组的电势相量图（见图 3 - 27）可得：

$$U_{T51-T54} = U_{T61-T64} = U_{T44-T54}\sqrt{K^2 + \sqrt{3}K + 1}$$

式中：$K = \dfrac{U_{T41-T51}}{U_{T44-T54}}$。

若由上述两式计算出的电压 $U_{T51-T54}$、$U_{T61-T64}$ 的数值与实测相同，则绕组连接正确，属于 Y/△ - 5 连接组。

6. 变压器连接组校核公式（设 $U_{ab} = 1$，$U_{AB} = K_L \times U_{ab} = K_L$）

表 3 - 12　变压器连接组校核公式

组别	$U_{Bb} = U_{Cc}$	U_{Bc}	U_{Bc}/U_{Bb}
12	$K_L - 1$	$\sqrt{K_L^2 - K_L + 1}$	>1
1	$\sqrt{K_L^2 - \sqrt{3}K_L + 1}$	$\sqrt{K_L^2 + 1}$	>1
2	$\sqrt{K_L^2 - K_L + 1}$	$\sqrt{K_L^2 + K_L + 1}$	>1
3	$\sqrt{K_L^2 + 1}$	$\sqrt{K_L^2 + \sqrt{3}K_L + 1}$	>1
4	$\sqrt{K_L^2 + K_L + 1}$	$K_L + 1$	>1

续表 3 – 12

组别	$U_{Bb} = U_{Cc}$	U_{Bc}	U_{Bc}/U_{Bb}
5	$\sqrt{K_L^2 + \sqrt{3}K_L + 1}$	$\sqrt{K_L^2 + \sqrt{3}K_L + 1}$	= 1
6	$K_L + 1$	$\sqrt{K_L^2 + K_L + 1}$	< 1
7	$\sqrt{K_L^2 + \sqrt{3}K_L + 1}$	$\sqrt{K_L^2 + 1}$	< 1
8	$\sqrt{K_L^2 + K_L + 1}$	$\sqrt{K_L^2 - K_L + 1}$	< 1
9	$\sqrt{K_L^2 + 1}$	$\sqrt{K_L^2 - \sqrt{3}K_L + 1}$	< 1
10	$\sqrt{K_L^2 - K_L + 1}$	$K_L - 1$	< 1
11	$\sqrt{K_L^2 - \sqrt{3}K_L + 1}$	$\sqrt{K_L^2 - \sqrt{3}K_L + 1}$	= 1

【注意事项】

在连接三相变压器的绕组时，一定要注意下列事项，切不可粗心大意。

（1）在接电源前，必须细心检查线路，避免原、副短路事故。

（2）在 Y/Y 接法时，用电压表测量副边绕组三个相电压是否平衡，线电压是否为相电压的 $\sqrt{3}$ 倍，否则，应检查错误，加以改正。

（3）在 Y/△接法时，副边首先接成开口三角形，电压表开口处电压为零时方可正式接成△形，否则，应检查错误，加以改正。

【问题研讨】

（1）如何用实验方法测定各绕组的同名端？

（2）三相组式变压器与三相芯式变压器之间有何区别？

（3）若三角形开口处的电压不为零，是什么原因？

（4）三相变压器连接组别组成的规律是什么？

（5）假设三相变压器的组别号为 3，试确定它可能的连接方式。请以 Y/△接法进行分析，画出对应的相量图。

实验十一　三相变压器并联运行

【实验目的】

（1）学习三相变压器投入并联运行的方法。

（2）研究并联运行时阻抗电压对负载分配的影响。

【实验器材】

（1）三相组式变压器：T_1、T_2、T_3。

（2）三相芯式变压器：T_4、T_5、T_6。

（3）三相调压器。

（4）MK03 交流电压表模块：交流电压表 $1^\#$。

（5）MK04 交流电流表模块：交流电流表 $1^\#$、$2^\#$。

（6）MK06 智能测控仪表模块：交流电表。

（7）MK07 交流并网及切换开关模块：SW_1、SW_2。

（8）可调电阻 $2^\#$：$R_{P7/8}$、$R_{P9/10}$、$R_{P11/12}$。

（9）导线等。

【实验内容】

（1）将两台三相变压器空载投入并联运行。

（2）阻抗电压相等的两台三相变压器并联运行。

（3）阻抗电压不相等的两台三相变压器并联运行。

【实验步骤】

1. 将两台三相变压器空载投入并联运行

（1）按图 3 – 28 接线，接好线经老师检查无误后方可通电调试。

（2）将三相调压器逆时针调到底，将 $R_{P7/8}$、$R_{P9/10}$ 和 $R_{P11/12}$ 顺时针调至阻值最大位置，将 SW_1、SW_2 开关打到中间位置。

（3）通过一体机软件上电（或接通电源启停旋钮），合上交流电源开关。

（4）调节三相调压器，使变压器副方电压 $U_{T13T23} = U_{UA2UB2}$，则两台变压器的变比相等，即 $K_1 = K_2$；测出副方电压 U_{T13UA2}、U_{T23UB2}、U_{T33UC2}，若电压均为零，则连接组相同。

（5）检查出两台变压器的变比相等和极性相同后，合上开关 SW_2，即可投入并联。若 K_1 和 K_2 不是严格相等，则会产生环流。

（6）实验完成后，通过一体机软件下电（或切断电源启停旋钮），断开交流电源开关；将三相调压器逆时针调到底，将 SW_2 打到中间位置。

2. 阻抗电压相等的两台三相变压器并联运行

（1）按图 3 – 28 接线，接好线经老师检查无误后方可通电调试。

（2）将三相调压器逆时针调到底，将 $R_{P7/8}$、$R_{P9/10}$ 和 $R_{P11/12}$ 顺时针调至阻值最大位置，将 SW_1、SW_2 开关打到中间位置。

（3）通过一体机软件上电（或接通电源启停旋钮），合上交流电源开关。

（4）调节三相调压器，使两台变压器的变比相等，极性相同，将 SW_2 开关打到左侧位置，将变压器投入并联运行。

（5）将 SW_1 开关打到左侧位置，逆时针同步调节 $R_{P7/8}$、$R_{P9/10}$ 和 $R_{P11/12}$（负载电流每路不得超过 6 A），直至其中一台变压器的输出电流达到额定电流 3 A 为止。测取 I_1、I_2、I_a、I_b、I_c，将过程数据记录在表 3 – 13 中。

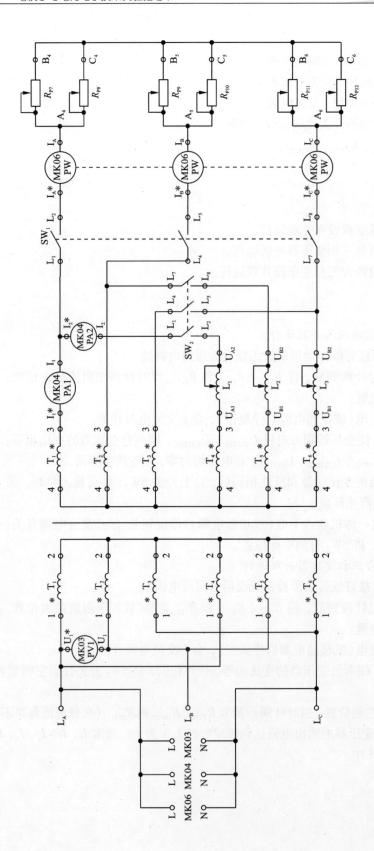

图3-28 三相变压器并联实验接线图

(6)实验完成后，切断电源启停旋钮，断开交流电源开关；将三相调压器逆时针调到底，将 $R_{P7/8}$、$R_{P9/10}$ 和 $R_{P11/12}$ 顺时针调至阻值最大位置，将开关 SW_1、SW_2 打到中间位置。

表 3 – 13　阻抗电压相等的两台三相变压器并联运行数据记录

序号	I_1/A	I_2/A	I_a/A	I_b/A	I_c/A
1					
2					
3					
4					
5					
6					

3. 阻抗电压不相等的两台三相变压器并联运行

(1)按图 3 – 28 接线，接好线经老师检查无误后方可通电调试。

(2)将三相调压器逆时针调到底，将 $R_{P7/8}$、$R_{P9/10}$ 和 $R_{P11/12}$ 顺时针调至阻值最大位置，将 SW_1、SW_2 开关打到中间位置。

(3)通过一体机软件上电(或接通电源启停旋钮)，合上交流电源开关。

(4)调节三相调压器，使两台变压器的变比不等(电压差在 5 V 以内)，极性相同，将 SW_2 开关打到左侧位置，将变压器投入并联运行。

(5)将 SW_1 开关打到左侧位置，逆时针同步调节 $R_{P7/8}$、$R_{P9/10}$ 和 $R_{P11/12}$(负载电流每路不得超过 6 A)，直至其中一台变压器的输出电流达到额定电流 3 A 为止。测取 I_1、I_2、I_a、I_b、I_c，将过程数据记录在表 3 – 14 中。

(6)实验完成后，通过一体机软件下电(或切断电源启停旋钮)，断开交流电源开关；将三相调压器逆时针调到底，将 $R_{P7/8}$、$R_{P9/10}$ 和 $R_{P11/12}$ 顺时针调至阻值最大位置，将 SW_1、SW_2 开关打到中间位置。

表 3 – 14　阻抗电压不相等的两台三相变压器并联运行数据记录

序号	I_1/A	I_2/A	I_3/A
1			
2			
3			
4			
5			
6			

第 4 章

异步电动机实验

4.1 知识要点

4.1.1 三相异步电动机基本结构

三相异步电动机是交流电动机的一种，又称感应电动机。它具有结构简单、制造方便、坚固耐用、成本较低、效率较高和运行可靠等一系列优点，因此被广泛应用于工业、农业、国防、航天、科研、建筑、交通等领域以及人们的日常生活中。其基本结构是由固定不动的部分(定子)和转动部分(转子)以及气隙组成。

异步电动机的定子由定子铁芯、定子绕组、机座、端盖以及轴承等组成。定子铁芯是电机磁路的一部分；定子绕组有成型硬绕组和散嵌软绕组两类，一般三绕组的六个端线都会引到机座侧面的接线柱上，与电源相接时，可根据情况将六个端线接成三角形或星形；机座起着固定定子铁芯的作用；端盖起着保护电动机铁芯和绕组端部的作用。

异步电动机的转子由转子铁芯、转子绕组和转轴组成。转子绕组有笼型绕组和绕线型绕组两种，它们的结构不同，但工作原理基本相同(详见教材)。

定子、转子之间的间隙称为异步电动机的气隙，气隙的大小对于异步电动机的性能影响很大。气隙大，则磁阻大，励磁电流也就大，由于异步电动机的励磁电流取自电网，增大气隙将使气隙中消耗的磁势增大，导致电机的功率降低。从这一角度考虑，气隙应小一些好，但电机带负载运行时，转轴有一定的挠度，气隙太小，有可能发生定子铁芯与转子铁芯相擦的现象；另外，从减小高次谐波磁势产生的磁通，减少附加损耗及改善启动性能角度来考虑，气隙应大一些好。所以，气隙的大小除了考虑电性能外，还要考虑安装的简便性，避免在运行中发生转子与定子相擦的现象。异步电动机的气隙具有很小的数值。对于中小型异步电动机，气隙一般为 $0.2 \sim 2.0$ mm。

4.1.2 三相异步电动机的工作原理

交流电动机主要有异步电动机和同步电动机两大类，三相异步电动机又有鼠笼式和绕线式两种，由于鼠笼式异步电动机具有一系列的优点，所以，它在机电传动控制系统中使用得最为广泛。

旋转磁场是三相交流电动机工作的基础，其同步转速为：

$$n_0 = \frac{60f_1}{p}$$

异步电动机依据电磁感应和电磁力的原理使转子以低于 n_0 的转速 n 旋转，其转差率为：

$$S = \frac{n_0 - n}{n_0}$$

转差率是异步电动机的一个非常重要的参数。

同步电动机则依据异性相吸的原理使转子严格地以同步转速 n_0 旋转。

4.1.3　三相异步电动机定子电路和转子电路中的几个主要电量

异步电动机工作时，其定子每相绕组的感应电势为：

$$E_1 = 4.44f_1N_1\phi$$

而且，定子每相绕组上施加的电压 $U_1 \approx E_1$，可见 $\phi \propto U_1$，当转子不动时，转子每相绕组的感应电势为：

$$E_2 = 4.44f_2N2_1\phi = SE_{20}（因转子电势的频率为 f_2 = Sf_1）$$

转子每相绕组的电流为：

$$I_2 = \frac{SE_{20}}{\sqrt{R_2^2 + (SX_{20})^2}}$$

转子每相电路的功率因数为：

$$\cos\varphi_2 = \frac{R_2}{\sqrt{R_2^2 + (SX_{20})^2}}$$

4.1.4　三相异步电动机的机械特性

异步电动机所产生的电磁转矩为：

$$T = K\frac{SR_2U^2}{R_2^2 + (SX_{20})^2} \tag{4.1}$$

由式(4.1)可以绘出异步电动机固有的机械特性 $n = f(T)$ 曲线，此特性曲线上有四个重要特殊点，分别如下：

(1) $T = 0$，$n = n_0(S = 0)$ 为理想空载点：

(2) $T = T_N$，$n = n_N(S = S_N)$ 为额定工作点；

$$T_N = 9.55\frac{P_N}{n_N}$$

$$S_N = \frac{n_0 - n_N}{n_0}$$

(3) $T = T_{st}$，$n = 0(S = 1)$ 为启动工作点：

$$T_{st} = K\frac{R_2U^2}{R_2^2 + X_{20}^2}$$

且一般启动能力系数为：$\lambda_{st} = \dfrac{T_{st}}{T_N} = 1 \sim 1.2$

(4) $T = T_{\max}$，$n = n_{\mathrm{m}}(S = S_{\mathrm{m}})$ 为临界工作点。

$$T_{\max} = K \frac{U^2}{2X_{20}} \qquad\qquad (4.2)$$

$$S_{\mathrm{m}} = \frac{R_2}{X_{20}} \qquad\qquad (4.3)$$

且一般过载能力系数为：$\lambda_{\mathrm{m}} = \dfrac{T_{\max}}{T_N} = 1.8 \sim 2.8$。

根据式(4.1)还可以作出改变 U、f 以及在定子、转子电路串接电阻或电抗的人为机械特性。

异步电动机的铭牌数据和一些额定值，对使用者来说是非常重要的，必须给予高度重视。

4.1.5　异步电动机的启动

异步电动机启动电流大，有对电网影响大等一系列缺点，因此，必须采取措施限制启动电流，以改善启动性能，这对延长电动机的使用寿命，提高工作效率及可靠性都有十分重要的意义。改善启动性能可从两方面实现：一是从外部控制线路上入手，对于鼠笼式电动机主要采取多种降压启动法(如定子串电阻或电抗、Y－△、自耦变压器、延边三角形等)，对于绕线式异步电动机则主要在转子电路中串接电阻或频敏变阻器；二是从电机内部寻找突破口，即在制造上增加鼠笼式异步电动机转子导条电阻或改善转子槽形(如高转差率、双鼠笼和深槽式等)。但其最终结果都是为了减少启动电流，从而获得尽可能大的启动转矩。

直接启动只有在供电电网(或供电变压器)容量允许的前提下才能采用。各种启动方法都有其各自的优缺点，应根据实际情况来选用不同的启动方法。

4.1.6　异步电动机的调速

由 $n = \dfrac{60f}{p}(1 - S)$ 可知，异步电动机的调速方法有以下三种(请与直流电动机的三种调速方法进行比较)：

(1)改变 S(转差率)调速，包括转子串电阻调速和改变电压调速。这种调速方法，设备简单，启动性能好，但随着 S 的增加，电机的特性变坏，效率降低。

(2)变极 p 调速，就是改变定子绕组的连接方式，使每相定子绕组的一半绕组内的电流改变方向，这不仅使电机磁极对数和转速大小发生了变化，而且电流的相序和电机的转向也发生了改变，为了保持电机原来的转向，必须在改变极对数的同时改变三相绕组的接线相序。若绕组由 Y→YY，则属于恒转矩调速；若由 △→YY，则属于恒功率调速。

(3)变频 f 调速，能对异步电动机转速进行较宽范围的连续调节，该方法控制功率小，调节方便，便于实现闭环控制，是目前被广泛采用的一种调速方式。

各种调速方法各有其优、缺点，应因地制宜。

4.1.7　异步电动机的制动

异步电动机的制动方法也有三种(请与直流电动机的制动方法进行比较)，如下：

(1)反馈制动状态，其特点是 $n > n_0$，S 和 T 均为负值，机械特性曲线是第一象限中电动机状态下的机械特性曲线在第二象限的延伸。

（2）反接制动状态，其特点是 n_0 与 n 反向，若是电源反接（对反抗转矩），则 T 与 T_L 同向，机械特性由第一象限转为第二象限，使电机迅速停下（注意：$n = 0$ 时要及时拉开电源，否则反转）；若是倒拉反接（对位能转矩），则 T 与 T_L 仍然反向，机械特性由第一象限转为第四象限，电机反转使重物慢速下降。

（3）能耗制动状态，其特点是要在定子两相绕组上加直流电压，产生制动转矩，使电机停下，机械特性由第一象限转为第二象限。

实际应用时，应根据实际需要来选择适宜的制动方法。

4.1.8　单相异步电动机

单相异步电动机是一种采用单相电源供电的异步电动机，工作原理与三相异步电动机的单相运行相同，主要运行特点是电动机没有启动转矩。为使电机启动，通常采用电容分相式启动和罩极式启动等方法，在原理上是将单相脉振磁场变为旋转磁场，具体方式是另设启动绕组或在极靴上加短路铜环。它的突出优点是只需要单相交流电源供电，因此，广泛应用于家用电器、医疗器械和自动控制装置中。

4.1.9　同步电动机

同步电动机的最大特点是转速恒定，功率因数可调，可用于改善电网的功率因数。但一般的同步电动机启动困难，需采用异步启动法，然而，用于变频调速的同步电动机，由于频率可调，很容易实现低速启动。

4.2　基本要求

（1）了解异步电动机的基本结构和旋转磁场的产生。

（2）掌握异步电动机的工作原理、机械特性，以及启动、调速和制动的各种方法、特点与应用。

（3）学会用机械特性的四个象限来分析异步电动机的运行状态。

（4）掌握单相异步电动机的工作原理和启动方法。

（5）了解同步电动机的结构特点、工作原理、运行特性和启动方法。

4.3　重点难点

1. 重点

（1）掌握异步电动机的机械特性。该特性是根据异步电动机的工作原理推导出来的，特别要掌握异步电动机的人为机械特性，因为它是分析异步电动机的启动、调速、制动工作状态的依据。

（2）熟悉并掌握异步电动机铭牌数据，理解额定值的含义。

（3）掌握异步电动机的直接启动方法，Y－△降压启动的条件和优缺点，绕线式异步电动机串电阻的启动、调速和制动，以及各种启动方法的运用场合。

(4)掌握异步电动机变频调速和变极调速的特性和优缺点。

2. 难点

本章在分析问题时较难理解的是：定子旋转磁场与转子运动的相对性和电动机的制动过程。

4.4　实验内容及能力考察范围

实验十二　三相鼠笼式/绕线式异动电动机启动与调速实验

【实验目的】

(1)通过实验，掌握三相鼠笼异步电动机直接启动的方法。

(2)通过实验，掌握三相鼠笼异步电动机 Y/△ 启动的方法。

(3)通过实验，掌握三相绕线式异步电动机转子绕组串入可变电阻器启动的方法。

【实验器材】

(1)机组 2#：三相鼠笼异步电动机 M2。

(2)机组 3#：三相线绕式异步电动机 M3。

(3)MK03 交流电压表模块：交流电压表 1#。

(4)MK04 交流电流表模块：交流电流表 1#。

(5)MK07 交流并网及切换开关模块：转换开关 SW_1。

(6)三相调压器。

(7)三相可调电阻负载：$R_1 \sim R_9$。

(8)导线等。

【知识储备及能力考察范围】

(1)三相异步电动机的各种启动方法各有什么不同？比较其优缺点和应用场合。

(2)绕线式异步电动机转子绕组串入电阻对启动电流和启动转矩的影响。

(3)绕线式异步电动机转子绕组串入电阻对转速的影响。

【实验内容】

(1)鼠笼式异步电动机的直接启动。

(2)鼠笼式异步电动机的 Y/△ 启动(仅做原理参考，不做该实验)。

(3)绕线式异步电动机转子绕组串入可变电阻器启动。

【实验步骤】

1. 三相鼠笼式异步电动机的直接启动

(1)按图 4-1 接线，用专用电缆线连接机组接口与机组 2# 转速接口，接好线经老师检查无误后方可通电调试。

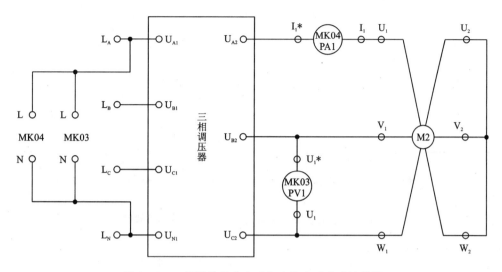

图 4 - 1　三相鼠笼异步电动机直接启动实验接线图

(2)将三相调压器逆时针调到底。

(3)通过一体机软件上电(或接通电源启停旋钮),合上交流电源开关。

(4)调节三相调压器,使电动机 M2 电压达到额定值的 1.2 倍(456 V),将实验数据记录在表 4 - 1 中。

表 4 - 1　三相鼠笼电动机的直接启动实验数据

	1	2	3	4	5
U/V					
I/A					
$T/(N \cdot m)$					

(5)实验完成后,通过一体机软件下电(或切断电源启停旋钮),断开交流电源开关;将三相调压器逆时针调到底。

2. 鼠笼式异步电动机的 Y/△ 启动

(1)按图 4 - 2 接线,接好线经老师检查无误后方可通电调试。

(2)将三相调压器逆时针调到底,将 SW_1 开关打到右侧位置(Y 型连接)。

(3)通过一体机软件上电(或接通电源启停旋钮),合上交流电源开关。

(4)调节三相调压器,使电动机 M2 电压达到 220 V(线电压 220 V,相电压 127 V),记录电动机 M2 的电流值。

(5)将 SW_1 开关打到左侧位置(△型连接),记录电动机 M2 启动的电流值于表 4 - 2 中。

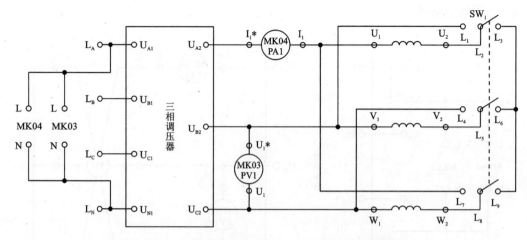

图 4 – 2　三相鼠笼异步电动机 Y/△ 启动实验接线图

表 4 – 2　三相鼠笼电动机 Y/△ 启动实验数据

	△ 型	Y 型
U/V		
I/A		

（6）实验完成后，通过一体机软件下电（或切断电源启停按钮），断开交流电源开关；将三相调压器逆时针调到底。

3. 线绕式异步电动机转子绕组串入可变电阻器启动

（1）按图 4 – 3 接线，用专用电缆线连接转速机组接口与机组 3# 转速接口，接好线经老师检查无误后方可通电调试。

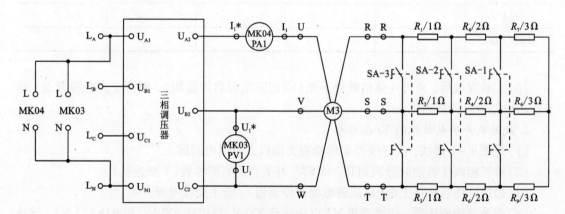

图 4 – 3　三相线绕式异步电动机转子绕组串入可变电阻器启动实验接线图

（2）将三相调压器逆时针调到底，将三相可调电阻负载开关打到 0 挡。

（3）通过一体机软件上电（或接通电源启停旋钮），合上交流电源开关。

（4）调节三相调压器，使电动机 M3 电压达到额定值（380 V），将实验过程数据记录在表 4 – 3 中。

（5）将三相可调电阻负载开关依次打到 1 挡、2 挡、3 挡，将实验数据记录在表 4 – 3 中。

（6）实验完成后，通过一体机软件下电（或切断电源启停旋钮），断开交流电源开关；将三相调压器逆时针调到底，将三相可调电阻负载开关打到 0 挡。

表 4 – 3　线绕式异步电动机转子串入可变电阻启动实验数据

序号	1	2	3	4	5	6
R/Ω	6(0 挡)			3(1 挡)	1(2 挡)	0(3 挡)
U/V	228	304	380	380	380	380
I/A						
$N/(\text{r} \cdot \text{min}^{-1})$						

【问题研讨】

（1）试述转子串电阻调速与启动的物理过程。

（2）比较异步电动机不同启动方法的优缺点。

（3）绕线式异步电动机转子绕组串入电阻对启动电流和启动转矩的影响。

（4）绕线式异步电动机转子绕组串入电阻对电动机转速的影响。

（5）启动电流和外施电压成正比，启动转矩和外施电压的平方成正比，在什么情况下才能成立？

实验十三　三相鼠笼式异动电动机工作特性测取实验

【实验目的】

掌握求取三相鼠笼异步电动机工作特性的方法。

【实验器材】

（1）机组 2#：三相鼠笼异步电动机 M2、直流发电机 G2。

（2）MK01 直流电压表模块：直流电压表 1#。

（3）MK02 直流电流表模块：直流电流表 1#、3#。

（4）MK06 智能测控仪表模块：交流电表。

（5）MK07 交流并网及切换开关模块：转换开关 SW_1、SW_2、SW_3。

（6）可调电阻 2#：$R_{P7/8}$、$R_{P9/10}$。

（7）三相调压器。

（8）单相可调电阻负载：R_W。

（9）直流稳压电源（250 V/3 A）励磁电源 1#。

（10）导线若干。

【实验内容】

（1）三相鼠笼式异步电动机的空载实验，根据实验数据画出空载特性曲线。

（2）三相鼠笼式异步电动机的负载实验，根据负载实验数据画出三相鼠笼式异步电动机的工作特性曲线。

【实验步骤】

1. 三相鼠笼式异步电动机的空载实验（实验步骤）

（1）按图 4 - 4 接线，用专用电缆线连接转速表机组接口与机组 2# 转速接口，接好线经老师检查无误后方可通电调试。

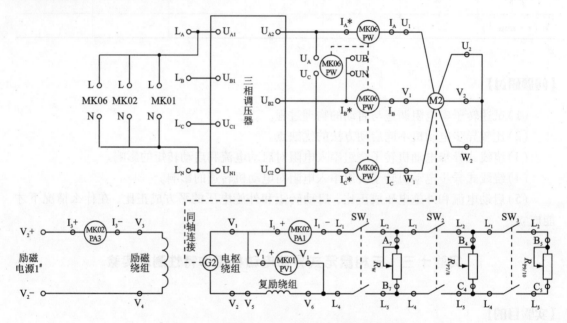

图 4 - 4 三相鼠笼异步电动机的空载实验接线图

（2）将三相调压器逆时针调到底。

（3）通过一体机软件上电（或接通电源启停旋钮），合上交流电源开关。

（4）调节三相调压器，使电动机 M2 电压达到额定值（380 V），此时机组 2# 达到 1500 r/min，观察电动机 M2 的转动方向（面向机组顺时针旋转为正转）；保持电动机 M2 在额定电压下空载运行 1 min，使机械损耗达到稳定后再进行下一步实验。

（5）调节三相调压器，由 1.2 倍额定电压（456 V）开始，逐渐降低电压，在额定电压附近多测几点，将过程数据记录在表 4 - 4 中。

（6）实验完成后，通过一体机软件下电（或切断电源启停旋钮），断开交流电源开关；将三相调压器逆时针调到底。

（7）作空载特性曲线。

根据有关参数 $[I_0 \, , P_0 \, , \cos\varphi_0 = f(U_0)]$ 作空载特性曲线。

表 4 - 4　空载实验记录数据

序号	U_0/V				I_0/A				P_0/W			$\cos\varphi_0$
	U_{AB}	U_{BC}	U_{CA}	U_0	I_A	I_B	I_C	I_0	P_{I}	P_{II}	P_0	
1												
2												
3												
4												

(8)根据空载实验数据求异步电机的等效电路参数。

(9)空载阻抗为:

$$Z_0 = \frac{U_0}{I_0}$$

空载电阻为:

$$r_0 = \frac{P_0}{3I_0^2}$$

空载电抗为:

$$X_0 = \sqrt{Z_0^2 - r_0^2}$$

上面各式中: U_0、I_0、P_0 分别为电动机空载时的额定电压、相电流、三相空载功率。

2.三相鼠笼式异步电动机的负载实验(实验步骤)

(1)按图 4 - 5 接线,用专用电缆线连接转速机组接口与机组 2# 转速接口,接好线经老师检查无误后方可通电调试。

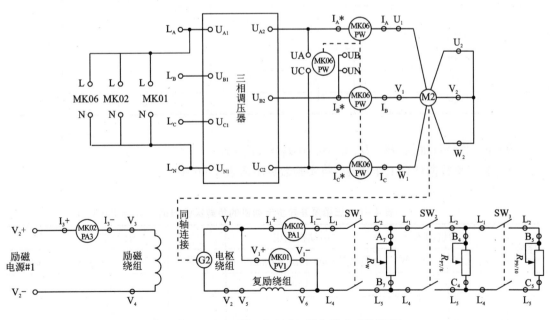

图 4 - 5　三相鼠笼异步电动机的负载实验接线图

（2）检查励磁电源 1# 是否在初始状态（按下红色电源按钮，左侧两个电流旋钮顺时针调到底，右侧两个电压旋钮逆时针调到底，上电后装置 C.C 灯灭，C.V 灯亮；实验过程中，只调节电压旋钮，不调节电流旋钮），将三相调压器逆时针调到底；将 R_W、$R_{P7/8}$ 和 $R_{P9/10}$ 顺时针调至阻值最大位置，将 SW_1、SW_2 和 SW_3 打到左侧位置。

（3）接通电源启停旋钮，依次合上交流电源开关、直流电源开关和励磁电源 1# 面板开关。

（4）调节三相调压器，使电动机 M2 电压达到额定值（380 V），此时机组 2# 达到 1500 r/min。

（5）调节励磁电源 1#，使励磁电流达到额定值（0.25 A）。

（6）逆时针同步调节 R_W、$R_{P7/8}$ 和 $R_{P9/10}$，使电动机 M2 电流 I 达到额定值（3.7 A），快速记录该组数据；数据记录完毕后，快速顺时针调节 $R_{P7/8}$ 和 $R_{P9/10}$，使发电机电流 I_L 降到额定值（4.35 A），记录该组数据。

（7）逐渐顺时针同步增加负载电阻 R_W、$R_{P7/8}$ 和 $R_{P9/10}$，即减小发电机 G1 的负载。将 R_W 顺时针调至最大后，逐步断开负载开关（开关由左侧打到中间），先断开 SW_3，再断开 SW_2，最后断开 SW_1，此时发电机 G1 处于空载状态。将实验数据记录在表 4-5 中。

（8）实验完成后，通过一体机软件下电（或切断电源启停旋钮），依次断开交流电源开关、直流电源开关和励磁电源 1# 面板开关；将三相调压器逆时针调到底，将 R_W、$R_{P7/8}$ 和 $R_{P9/10}$ 顺时针调至阻值最大位置，将 SW_1、SW_2、SW_3 开关打到中间位置。

表 4-5　三相鼠笼异步电动机的负载实验数据　$U_N = 220$ V，$I_r = \underline{\quad}$ A

序号	记录点	I/A				P/W			I_L/A	T_2/(N·m)	n/(r·min^{-1})
		I_A	I_B	I_C	I_f	P_I	P_{II}	P_0			
1	$I_A = 3.7$ A										
2	$I_L = 4.35$ A										
3	$R_W = MAX$										
4	断开 SW_3										
5	断开 SW_2										
6	断开 SW_1										

（9）作工作特性曲线 $[P_1、I_1、\eta、S、\cos\varphi_1 = f(P_2)]$。

由负载实验数据计算工作特性，将实验数据填入表 4-6 中。

表 4-6　三相鼠笼异步电动机的负载实验数据　$U_1 = 220$ V，$I_f = \underline{\quad}$ A

序号	电动机输入		电动机输出		计算值			
	I_1/A	P_1/W	T_2/(N·m)	n/(r·min^{-1})	P_2/W	S/%	η/%	$\cos\varphi_1$
1								
2								
3								

计算公式为：

$$I_1 = \frac{I_A + I_B + I_C}{3\sqrt{3}}, \quad S = \frac{1500 - n}{1500} \times 100\%, \quad \cos\varphi_1 = \frac{P_1}{3U_1 I_1},$$

$$P_2 = 0.105 n T_2, \quad \eta = \frac{P_2}{P_1} \times 100\%$$

式中：I_1——定子绕组相电流（A）；

　　　U_1——定子绕组相电压（V）；

　　　S——转差率；

　　　η——效率。

【问题研讨】

根据空载实验数据求取异步电机的等效电路参数时，哪些因素会引起误差？

实验十四　三相绕线式异动电动机工作特性测取实验

【实验目的】

掌握求取三相绕线式异步电动机工作特性的方法。

【实验器材】

（1）机组 3#：三相绕线式异步电动机 M3、直流发电机 G3。

（2）MK01 直流电压表模块：直流电压表 1#。

（3）MK02 直流电流表模块：直流电流表 1#、3#。

（4）MK06 智能测控仪表模块：交流电表。

（5）三相调压器。

（6）三相可调电阻负载：$R_1 \sim R_9$。

（7）可调电阻 2#：$R_{P7/8}$、$R_{P9/10}$。

（8）单相可调电阻负载：R_W。

（9）MK07 交流并网及切换开关模块：转换开关 SW_1、SW_2、SW_3。

（10）直流稳压电源（250 V/3 A）励磁电源 1#。

（11）导线若干。

【实验内容】

（1）三相绕线式异步电动机的工作特性（空载）。

（2）三相绕线式异步电动机的工作特性（负载）。

【实验步骤】

1. 三相绕线式异步电动机的工作特性（空载）

（1）按图 4-6 接线，用专用电缆线连接转速表机组接口与机组 3#转速接口，接好线经老师检查无误后方可通电调试。

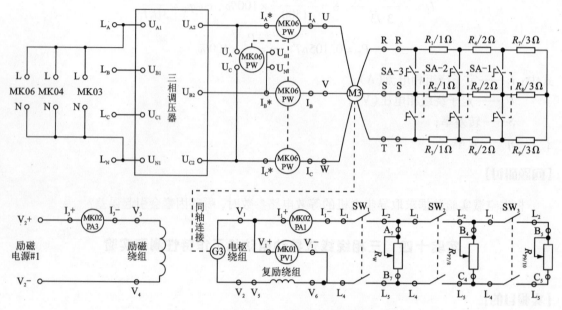

图 4-6　三相绕线式异步电动机实验接线图

（2）将三相调压器逆时针调到底，将三相可调电阻负载开关打到 3 挡。

（3）通过一体机软件上电（或接通电源启停旋钮），合上交流电源开关。

（4）调节三相调压器，使电动机 M3 电压达到额定值（380 V），将实验数据记录在表 4-7 中。

（5）实验完成后，通过一体机软件下电（或切断电源启停旋钮），断开交流电源开关；将三相调压器逆时针调到底，将三相可调电阻负载开关打到 0 挡。

表 4-7　三相绕线式异步电动机空载特性实验数据

序号	1	2	3	4	5	6
U/V	100	150	200	250	300	380
I/A						
$N/(\text{r} \cdot \text{min}^{-1})$						

2. 三相绕线式异步电动机的工作特性（负载）

（1）按图 4-6 接线，用专用电缆线连接转速表机组接口与机组 3# 接口，接好线经老师检查无误后方可通电调试。

（2）检查励磁电源 1# 是否在初始状态（按下红色电源按钮，右侧两个电压旋钮逆时针调到底，上电后装置 C.C 灯灭，C.V 灯亮；实验过程中，只调节电压旋转，不调节电流旋钮），将三相调压器逆时针调到底；将 R_W、$R_{\text{P7/8}}$ 和 $R_{\text{P9/10}}$ 顺时针调至阻值最大位置，将 SW_1、SW_2、SW_3

开关打到左侧位置,将三相可调电阻负载开关打到 0 挡。

(3)通过五体机软件上电(或接通电源启停旋钮),依次合上交流电源开关、直流电源开关和励磁电源 1# 面板开关。

(4)调节三相调压器,使电动机 M3 电压达到额定值(380 V)。

(5)调节三相可调电阻负载开关,由 0 挡调到 3 挡,则三相绕线式异步电动机 M3 启动完成。

(6)调节励磁电源 1#,使励磁电流达到额定值(0.25 A)。

(7)逆时针调节 R_W,使发电机 G3 电枢电流达到额定值(4.35 A),将实验数据记录在表 4-8 中。

表 4-8 负载实验测量数据

序号		1	2	3	4	5	6
记录点		$I_F = 4.35$ A	$I_F = 3$ A	$R_W = $ max	SW_3 断开	SW_2 断开	SW_1 断开
异步电动机 M3 实验数据	U_1/V						
	I_1/A						
	P_1/W						
	$n/(r \cdot min^{-1})$						
直流发电机 G3 实验数据	U_F/V						
	I_F/A						
	P_F/W						
计算数据	$\cos\varphi$						
	η						
	S						
	P_2/W						

(8)逐渐顺时针增加负载电阻 R_W,即减小发电机 G1 的负载。将 R_W 顺时针调至最大后,逐步断开负载开关(开关由左侧打到中间),先断开 SW_3,再断开 SW_2,最后断开 SW_1,此时发电机 G1 处于空载状态。将实验数据记录在表 4-8 中。

(9)实验完成后,通过一体机软件下电(或切断电源启停旋钮),依次断开交流电源开关、直流电源开关和励磁电源 1# 面板开关;将三相调压器逆时针调到底,再将励磁电源 1# 逆时针调到底,将 R_W、$R_{P7/8}$ 和 $R_{P9/10}$ 顺时针调至阻值最大位置,将 SW_1、SW_2、SW_3 开关打到中间位置,将三相可调电阻负载开关打到 0 挡。

(10)计算并绘出工作特性曲线。

1)计算公式为:

$$\cos\varphi = \frac{P_1}{\sqrt{3}U_1 I_1}$$

异步电动机效率为:

$$\eta_1 = \frac{P_2}{P_1}$$

式中：P_2 为异步电动机输出机械功率，负载发电机效率系数 $\eta_F = \frac{P_F}{P_2}$。

机组的总效率为：

$$\eta = \frac{P_F}{P_1} = \frac{P_2}{P_1} \cdot \frac{P_F}{P_2} = \eta_1 \cdot \eta_F$$

可以近似认为：

$$\eta_1 = \eta_F = \sqrt{\eta} = \sqrt{\frac{P_F}{P_1}}$$

则有：

$$P_2 = \eta_1 \frac{P_1}{1000}$$

$$S = \frac{n_1 - n}{n_1}$$

2）绘出下列曲线：

以 P_2 为横坐标，做出被试感应电动机的工作特性曲线：

$$\cos\varphi = f_1(P_2)，\quad \eta_1 = f_2(P_2)，\quad n = f_3(P_2)$$

【问题研讨】

绕线式与鼠笼式异步电动机有何异同点？

第 5 章

同步电机实验

5.1　知识要点

5.1.1　同步电机的基本结构

同步电机主要由定子和转子两部分组成，定子上有定子铁芯和定子绕组，转子上则有磁极铁芯、励磁绕组和转轴。

同步电机的结构有两种基本形式，一是旋转电枢式，二是旋转磁极式。后一种应用更为广泛。旋转磁极式又分为凸极式和隐极式，通常转速较高的采用隐极式，转速较低的采用凸极式。

通常三相同步电机的定子是电枢，与三相异步电动机的定子绕组相似，转子装有磁极和励磁绕组。当励磁绕组通入直流电后，转子立即建立恒定磁场。当转子在外力拖动下旋转时，定子导体由于和转子旋转有配对运动而产生交流电动势，此电动势的频率为 $f=\dfrac{pn}{60}$。

当在定子绕组内通过三相交流电时，定子绕组内便产生一个旋转磁场，这时定子绕组仍通以直流电，则转子所建立的恒定磁场将在定子旋转磁场的带动下，沿着定子磁场方向，以定子旋转磁场的转速旋转，转子的转速 $n=\dfrac{60f}{p}$。

同步电机既可作发电机使用，也可作电动机使用。

5.1.2　同步电机的工作原理

同步电机无论作发电机使用，还是作电动机使用，其转速与交流电频率之间都保持严格不变的关系，这是同步电机的基本特点。在磁极对数确定的情况下，电机的转速与交流电流的频率成正比。同步电机在恒定频率下的转速称为同步转速。这是同步电机与异步电机的基本差别之一。

同步发电机的工作原理是，当转子绕组通入直流电时会产生恒定磁场，这个磁场在定子绕组中间高速旋转，使定子绕组切割转子产生磁场，根据电磁感应定律，定子绕组中便产生感应电动势，如果接通负载便能对外供电。这就是同步发电的工作原理。电动势的频率为 $f=\dfrac{pn}{60}$。

同步电动机的工作原理是，当定子绕组通入三相交流电时，定子绕组内便产生旋转磁场，转子仍通以直流电，产生恒定的磁场，定子绕组的旋转磁场与转子绕组的磁场相互作用，即异性磁极相互吸引，带动转子以旋转磁场的转速一同旋转。这就是同步电动机的工作原理。电动机的转速为 $n = \dfrac{60f}{p}$。

5.1.3 同步电机的分类

同步电机大致可分为发电机、电动机、调相机三类。

同步电机的励磁系统可分为同轴直流发电机励磁、同轴交流发电机励磁、晶闸管整流励磁以及三次谐波励磁等。

5.1.4 同步电动机的启动方法

同步电动机本身没有启动转矩，必须采用一定的启动方法。启动方法有以下几种：

(1)在转子上加笼形启动绕组法。

(2)辅助启动法，即用异步电动机或其他动力机械将同步电动机带到其他同步转速后再接通电源。

(3)调频启动法，使电动机转速始终等于同步转速。

5.1.5 同步发电机的并联运行条件

(1)发电机的电压应和电网电压具有相同的有效值、极性和相位。

(2)发电机的频率应和电网的频率相等。

具体工作时只注意这两条就足够了，其他条件在安装及出厂时都已得到满足。

并联投入的方法有准整步法和自整步法。现代自动和半自动并车装置的基本原理同准整步法的原理是一样的。

5.2 基本要求

(1)在了解同步电机基本结构的基础上，着重掌握同步电机的基本工作原理，与感应电动机相比较，掌握同步电动机的"同步"含义(转速的特点)。

(2)掌握同步电机励磁系统的分类，同步电动机中电枢磁场与主磁场之间的关系。

(3)掌握同步电动机励磁工作的三种情况。

(4)读懂、理解和掌握三相同步电机的结构和铭牌数据。

(5)理解和掌握同步电动机为什么不能自行启动，一般采取什么启动方法，什么是异步启动原理。

(6)了解三相同步发电机与电网并联运行必须满足的条件。

(7)了解并网运行条件不满足时并网的后果。

5.3 重点难点

1. 重点

(1)同步电机的工作原理。

(2)同步电机的特点(最大特点是转速恒定，功率因数可调，可用于改善电网的功率因数)。

(3)同步电动机的启动方法。

(4)三相同步发电机与电网并联运行必须满足的条件。

2. 难点

(1)同步电动机的启动方法,异步启动法的过程和对异步启动原理的理解。

(2)三相同步发电机与电网并联运行必须满足的条件。

5.4 实验内容及能力考察范围

实验十五 三相同步发电机的空载实验

【实验目的】

(1)掌握三相同步发电机的空载实验的方法。

(2)掌握根据实验数据画出空载特性曲线的方法。

【实验器材】

(1)机组 4$^{\#}$:三相同步发电机 G4、直流电动机 M4。

(2)三相调压器。

(3)MK02 直流电流表模块:直流电流表 1$^{\#}$、2$^{\#}$、3$^{\#}$。

(4)MK06 智能测控仪表模块:交流电表。

(5)MK07 交流并网及切换开关模块:转换开关 SW$_1$、SW$_2$。

(6)可调电阻 2$^{\#}$:$R_{P7/8}$、$R_{P9/10}$、$R_{P11/12}$。

(7)直流稳压电源(250 V/20 A)电枢电源。

(8)直流稳压电源(250 V/3 A)励磁电源 1$^{\#}$。

(9)直流稳压电源(150 V/5 A)励磁电源 2$^{\#}$。

(10)导线若干。

【知识储备及能力考察范围】

空载特性是指发电机空载并保持额定转速不变时,空载电压 U_0 与励磁电流 I_f 的关系,即 $n = n_N$,$I = 0$ 时,$U_0 = f(I_f)$。

【实验内容】

(1)三相同步发电机的空载实验。

(2)根据实验数据画出空载特性曲线。

【实验步骤】

(1)按图 5 - 1 接线,用专用电缆线连接转速表机组接口与机组 4$^{\#}$转速接口,接好线经老师检查无误后方可通电调试。

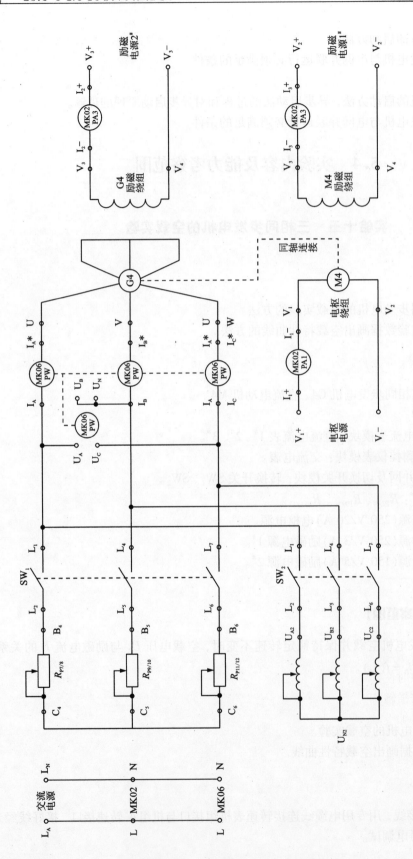

图5-1 三相同步发电机空载实验接线图

（2）检查电枢电源、励磁电源 1# 和励磁电源 2# 是否在初始状态（按下红色电源按钮，右侧两个电压旋钮逆时针调到底，上电后装置 C.C 灯灭，C.V 灯亮；实验过程中，只调节电压旋钮，不调节电流旋钮）；将三相调压器顺时针调到底，将 $R_{P7/8}$、$R_{P9/10}$ 和 $R_{P11/12}$ 顺时针调至阻值最大位置，将 SW_1、SW_2 开关打到中间位置。

（3）接通电源启停旋钮，依次合上交流电源开关、直流电源开关、电枢电源面板开关、励磁电源 1# 面板开关和励磁电源 2# 面板开关。

（4）调节励磁电源 1#，使电动机 M4 励磁电流达到额定值（0.43 A）。

（5）调节电枢电源，使电动机 M4 转速达到额定转速（1500 r/min）。

（6）调节励磁电源 2#，使励磁电流 I_f 单方向递增，直至发电机 G4 输出的电压 U_0 达到 1.1 ~ 1.3 倍额定电压，将过程实验数据记录在表 5-1 中。

（7）调节励磁电源 2#，使励磁电流 I_f 单方向递减，直至 $I_f = 0$，将过程实验数据记录在表 5-2 中。

（8）实验完成后，通过一体机软件下电（或切断电源启停旋钮），依次断开交流电源开关、直流电源开关、电枢电源面板开关、励磁电源 1# 面板开关和励磁电源 2# 面板开关；将电枢电源、励磁电源 1# 和励磁电源 2# 电压旋钮逆时针调到底，将 SW_1 开关打到中间位置。

表 5-1　I_f 单方向递增　　　　　　　　　$I = 0$，$n = n_N = 1500$ r/min

序号	1	2	3	4	5	6	7	8	9
U_0/V									
I_f/A									

表 5-2　I_f 单方向递减　　　　　　　　　$I = 0$，$n = n_N = 1500$ r/min

序号	1	2	3	4	5	6	7	8	9
U_0/V									
I_f/A									

（9）在用实验方法测定同步发电机的空载特性时，由于转子磁路中剩磁情况的不同，当单方向改变励磁电流 I_f，使其从零增大到某一最大值，再反过来由此最大值减小到零时将得到上升和下降的二条不同曲线，见图 5-2。两条曲线的出现，反映了铁磁材料中的磁滞现象。测定发电机参数时使用下降曲线，其最高点取 $U_0 \approx 1.3 U_N$；如剩磁电压较高，可延伸曲线的直线部分使其与横轴相交，交点的横坐标绝对值 $\triangle I_{f0}$ 应作为校正量，在所有实验中测得的励磁电流数据上再加上此值，即可得通过原点的校正曲线，见图 5-3。

注：①转速要保持恒定；②在额定电压附近读数相应多些。

（10）根据实验数据绘出同步发电机的空载特性曲线。

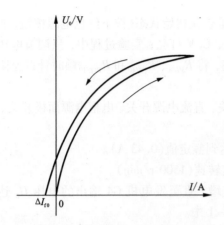

图 5－2　上升和下降两条控制特性曲线

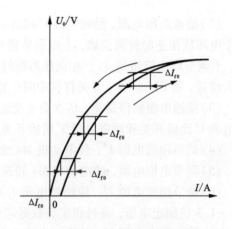

图 5－3　校正过的下降空载特性曲线

实验十六　三相同步发电机的短路实验

【实验目的】

(1)掌握三相同步发电机的短路实验的方法。

(2)掌握根据实验数据画出短路特性曲线的方法。

【实验器材】

(1)机组 4#：三相同步发电机 G4、直流电动机 M4。

(2)三相调压器。

(3)MK02 直流电流表模块：直流电流表 1#、2#、3#。

(4)MK06 智能测控仪表模块：交流电表。

(5)MK07 交流并网及切换开关模块：转换开关 SW₁、SW₂。

(6)可调电阻 2#：$R_{P7/8}$、$R_{P9/10}$、$R_{P11/12}$。

(7)直流稳压电源(250 V/20 A)电枢电源。

(8)直流稳压电源(250 V/3 A)励磁电源 1#。

(9)直流稳压电源(150 V/5 A)励磁电源 2#。

(10)导线若干。

【实验内容】

(1)三相同步发电机的短路实验。

(2)根据实验数据画出短路特性曲线。

【实验步骤】

(1)按图 5－4 接线，用专用电缆连接转速表机组接口与机组 4#转速接口，接好线经老师检查无误后方可通电调试。

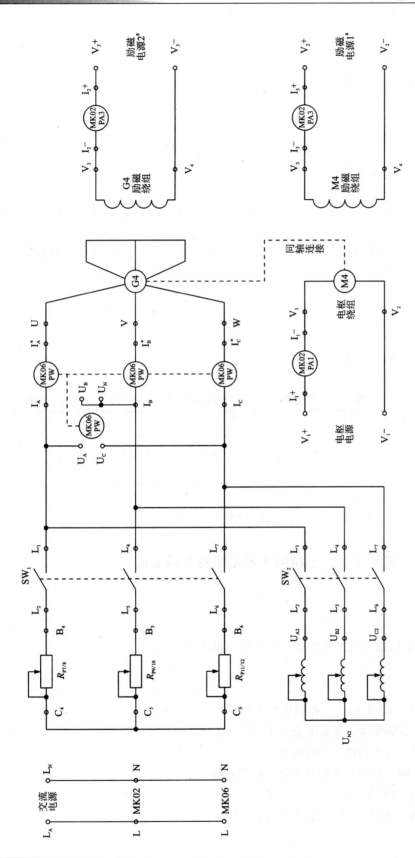

图5-4 三相同步发电机短路实验接线图

（2）检查电枢电源、励磁电源1#和励磁电源2#是否在初始状态（按下红色电源按钮，右侧两个电压旋钮逆时针调到底，上电后装置 C.C 灯灭，C.V 灯亮；实验过程中，只调节电压旋钮，不调节电流旋钮）；将三相调压器顺时针调到底，将 $R_{P7/8}$、$R_{P9/10}$ 和 $R_{P11/12}$ 逆时针调至阻值最小位置，将 SW_1 开关打到左侧位置，SW_2 开关打到中间位置。

（3）通过一体机软件上电（或接通电源启停旋钮），依次合上交流电源开关、直流电源开关、电枢电源面板开关、励磁电源1#面板开关和励磁电源2#面板开关。

（4）调节励磁电源1#，使电动机 M4 励磁电流达到额定值（0.43 A）。

（5）调节电枢电源，使电动机 M4 转速达到额定转速（1500 r/min）。

（6）调节励磁电源2#，使发电机 G4 的定子电流 $I_K = 1.2I_N = 2.16$ A，将实验数据记录在表5-3中。

（7）调节励磁电源2#，使励磁电流 I_f 和定子电流 I_K 减小，直至 $I_f = 0$，将实验数据记录在表5-3中。

（8）实验完成后，通过一体机软件下电（或切断电源启停旋钮），依次断开交流电源开关、直流电源开关、电枢电源面板开关、励磁电源1#面板开关和励磁电源2#面板开关；将电枢电源、励磁电源1#和励磁电源2#电压旋钮逆时针调到底，将 $R_{P7/8}$、$R_{P9/10}$ 和 $R_{P11/12}$ 顺时针调至阻值最大位置，将 SW_1、SW_2 开关打到中间位置。

表5-3　三相同步发电机短路实验数据　　　$U = 0$ V，$n = n_N = 1500$ r/min

序号	1	2	3	4	5	6	7
I_K/A							
I_f/A							

（9）根据实验数据绘制出同步发电机的短路特性。

实验十七　三相同步发电机的并网实验

【实验目的】

掌握三相同步发电机投入电网并网运行的条件与操作方法。

【实验器材】

（1）机组4#：直流电动机 M4、三相同步发电机 G4。

（2）MK02 直流电流表模块：直流电流表1#、2#、3#。

（3）MK06 智能测控仪表模块：交流电表。

（4）MK07 交流并网及切换开关模块：交流同期系统。

（5）直流稳压电源（250 V/20 A）电枢电源。

（6）直流稳压电源（250 V/3 A）励磁电源1#。

（7）直流稳压电源（150 V/5 A）励磁电源2#。

（8）导线若干。

【实验内容】

用准同步法将三相同步发电机投入电网并网运行。

【实验步骤】

（1）按图 5 - 5 接线，用专用电缆连接转速表机组接口与机组 4# 转速接口，接好线经老师检查无误后方可通电调试。

（2）检查电枢电源、励磁电源 1# 和励磁电源 2# 是否在初始状态（按下红色电源按钮，右侧两个电压旋钮逆时针调到底，上电后装置 C.C 灯灭，C.V 灯亮；实验过程中，只调节电压旋钮，不调节电流旋钮）；将相位检测、同期开关断开。

（3）通过一体机软件上电（或接通电源启停旋钮），依次合上交流电源开关、直流电源开关、电枢电源面板开关、励磁电源 1# 面板开关和励磁电源 2# 面板开关。

（4）调节励磁电源 1#，使电动机 M4 励磁电流达到额定值（0.43 A）。

（5）调节电枢电源，使电动机 M4 转速达到额定转速（1500 r/min）。

（6）调节励磁电源 2#，使发电机 G4 输出电压接近系统侧电压。

（7）用相序表测量待并侧和系统侧电压，确保发电机电压与电网电压相序相同。

（8）准同期并网：合上相位检测开关，观察同期表电压差、频率差、相角差，当三者数值≈0 时，满足并网条件，长按合闸按钮，发电机准同期节点闭合，一定要听到接触器吸合的声音，同时相应的绿色指示灯点亮，松开合闸按钮，发电机准同期实验完成。准同期实验结束后，按下分闸按钮，一定要听到接触器断开的声音，分闸按钮红色指示灯点亮，分开准同期节点。

（9）同期并网：确定（分闸按钮红色指示灯亮）按下分闸按钮后，合上同期开关，观察同期表电压差、频率差、相角差，当三者数值≈0 时，满足并网条件，长按合闸按钮，发电机准同期节点闭合，发电机并网成功。

（10）实验完成后，通过一体机软件下电（或切断电源启停旋钮），依次断开交流电源开关、直流电源开关、电枢电源面板开关、励磁电源 1# 面板开关和励磁电源 2# 面板开关；将电枢电源、励磁电源 1# 和励磁电源 2# 电压旋钮逆时针调到底，将相位检测、同期开关断开。

【注意事项】

并网必须三个条件，压差为 0，频差为 0，相角相同（相差为 0），否则，将损坏设备，烧毁电机。

【问题研讨】

（1）三相同步发电机与电网并网运行必须满足哪些条件？

（2）试述并网运行条件不满足时将会引发什么后果。

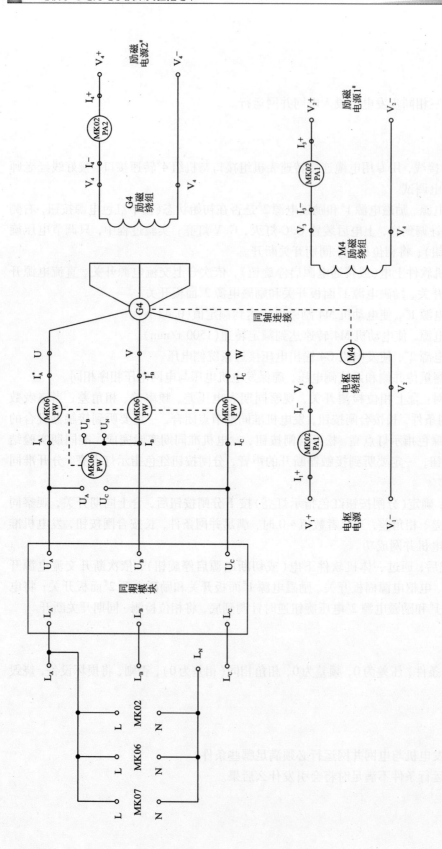

图5-5 三相同步发电机并网实验接线图

实验十八　三相同步发电机有功功率的调节实验

【实验目的】

掌握三相同步发电机并网运行时有功功率的调节方法。

【实验器材】

（1）机组 4$^{\#}$：直流电动机 M4、三相同步发电机 G4。

（2）MK02 直流电流表模块：直流电流表 1$^{\#}$、2$^{\#}$、3$^{\#}$。

（3）MK06 智能测控仪表模块：交流电表。

（4）MK07 交流并网及切换开关模块：交流同期系统。

（5）直流稳压电源（250 V/20 A）电枢电源。

（6）直流稳压电源（250 V/3 A）励磁电源 1$^{\#}$。

（7）直流稳压电源（150 V/5 A）励磁电源 2$^{\#}$。

（8）导线若干。

【实验内容】

三相同步发电机与电网并网运行时有功功率的调节。

【实验步骤】

（1）按《三相同步发电机的并网实验》中的实验方法把同步发电机投入电网并网运行。

（2）并网后，断开相位检测开关，调节电枢电源和励磁电源 2$^{\#}$，使发电机 G4 的定子电流接近于零，观察 MK06 功率表（交流电表）的有功，无功功率数值≈0，这时相应的发电机 G4 励磁电流 $I_f = I_{f0}$。这时，须保持励磁电源 2$^{\#}$不变（不能再调节）。

（3）保持这一励磁电流 I_f 不变，只增大电动机 M4 电枢电源，这时发电机 G4 输出功率 P_2 同步增加。

（4）记录上述过程中的数据，即：在发电机 G4 定子电流接近于零到额定电流（1.8 A）的范围内读取相应的三相电流、三相功率、功率因素，将过程实验数据记录在表 5－4 中。

（5）实验数据记录完成后，必须解列才能停机，过程如下：首先让发电机 G4 负荷降到接近零，即减少电动机的电枢电源，使同步发电机输出功率接近零（此实验不需要调节无功，即励磁电源 2$^{\#}$不动）；让同步发电机 G4 解列，即断开并网开关；然后将同步发电机灭磁，即将励磁电源 2$^{\#}$减少为零；最后将电动机 M4 停机，即将电枢电源减少为零，再将励磁电源 1$^{\#}$减少到零，此过程先后顺序不能颠倒。

（6）实验完成后，通过一体机软件下电（或切断电源启停旋钮），依次断开交流电源开关、直流电源开关、电枢电源面板开关、励磁电源 1$^{\#}$面板开关和励磁电源 2$^{\#}$面板开关；将电枢电源、励磁电源 1$^{\#}$和励磁电源 2$^{\#}$电压旋钮逆时针调到底，将相位检测、同期开关断开。

表5-4 有功功率的调节实验数据　　　　$U=$＿＿＿V；$I_f=I_{f0}=$＿＿＿A

序号	测量值					计算值		
	输出电流 I/A			输出功率 P/W		I	P_2	$\cos\varphi$
	I_A	I_B	I_C	P_{I}	P_{II}			
1								
2								
3								
4								
5								
6								

表中：$I=(I_A+I_B+I_C)/3$，$P_2=P_{\mathrm{I}}+P_{\mathrm{II}}$，$\cos\varphi=P_2/\sqrt{3}UI$。

实验十九　三相同步发电机无功功率的调节实验

【实验目的】

掌握三相同步发电机并网运行时无功功率的调节方法。

【实验器材】

(1)机组4#：直流电动机 M4、三相同步发电机 G4。

(2)MK02 直流电流表模块：直流电流表1#、2#、3#。

(3)MK06 智能测控仪表模块：交流电表。

(4)MK07 交流并网及切换开关模块：交流同期系统。

(5)直流稳压电源(250 V/20 A)电枢电源。

(6)直流稳压电源(250 V/3 A)励磁电源1#。

(7)直流稳压电源(150 V/5 A)励磁电源2#。

(8)导线若干。

【实验内容】

三相同步发电机与电网并网运行时无功功率的调节。

【实验步骤】

(1)按《三相同步发电机并网实验》中的实验方法把同步发电机投入电网并网运行。

(2)并网后，断开相位检测开关，调节电枢电源，使发电机 G4 输出功率 $P_2\approx0$；调节励磁电源2#，使发电机 G4 励磁电流 I_f 上升，直至发电机 G4 定子电流接近 $I=I_N=1.8$ A；读取发电机 G4 励磁电流 I_f 与定子电流 I，将数据记录在表5-5中。

表 5 – 5　无功功率的调节实验数据 $n =$ ＿＿ r/min；$U =$ ＿＿ V；$P_2 \approx 0$ W

序号	三相电流 I/A				励磁电流 I_f/A
	I_A	I_B	I_C	I	I_f
1					
2					
3					
4					
5					
6					
7					
8					
9					
10					

表中：$I = (I_A + I_B + I_C)/3$。

（3）调节励磁电源 2#，使发电机 G4 励磁电流 I_f 下降，直至发电机 G4 定子电流 I 减小到最小值；读取定子电流 I 下降过程中的励磁电流 I_f 和定子电流 I，将过程数据记录在表 5 – 5 中。

（4）调节励磁电源 2#，继续使发电机 G4 励磁电流 I_f 下降，这时发电机 G4 定子电流 I 又将增大，直至发电机 G4 定子电流 $I = I_N = 1.8$ A；读取定子电流 I 上升过程中的励磁电流 I_f 和定子电流 I，将数据记录在表 5 – 5 中。

（5）实验完成后，通过一体机软件下电（或切断电源启停旋钮），依次断开交流电源开关、直流电源开关、电枢电源面板开关、励磁电源 1# 面板开关和励磁电源 2# 面板开关；将电枢电源、励磁电源 1# 和励磁电源 2# 电压旋钮逆时针调到底，将相位检测、同期开关断开。

实验二十　三相同步发电机 V 形曲线实验

【实验目的】

（1）掌握输出功率 P_2 等于零时三相同步发电机数据的测取方法及其 V 形曲线的绘制方法。

（2）掌握输出功率 P_2 等于 0.5 倍额定功率时三相同步发电机数据的测取方法及其 V 形曲线的绘制方法。

【实验器材】

（1）机组 4#：直流电动机 M4、三相同步发电机 G4。

（2）MK02 直流电流表模块：直流电流表 1#、2#、3#。

（3）MK06 智能测控仪表模块：交流电表。

（4）MK07 交流并网及切换开关模块：交流同期系统。

（5）直流稳压电源（250 V/20 A）电枢电源。

（6）直流稳压电源（250 V/3 A）励磁电源 1#。

（7）直流稳压电源（150 V/5 A）励磁电源 2#。

（8）导线若干。

【实验内容】

（1）测取当输出功率等于零时三相同步发电机的 V 形曲线。

（2）测取当输出功率等于 0.5 倍额定功率时三相同步发电机的 V 形曲线。

【实验步骤】

（1）测取当输出功率等于零时三相同步发电机的 V 形曲线。

1）按《三相同步发电机与电网并网运行时无功功率的调节实验》中的实验方法测取实验数据。

2）绘制出 $P_2 \approx 0$ 时同步发电机的 V 形曲线 $I = f(I_f)$。

（2）测取当输出功率等于 0.5 倍额定功率时三相同步发电机的 V 形曲线。

1）按《三相同步发电机的并网实验》中的实验方法把同步发电机投入电网并网运行。

2）并网后，断开相位检测开关，调节电枢电源，使发电机 G4 输出功率 $P_2 \approx 0.5P_N =$ 500 W（观察 MK06 智能表有功数值接近 500 W，此后实验过程中，保持电枢电源不变）调节励磁电源 2#，使发电机 G4 励磁电流 I_f 上升，直至发电机 G4 定子电流 $I = I_N = 1.8$ A；读取励磁电流 I_f 和定子电流 I，将数据记录在表 5－6 中。

3）调节励磁电源 2#，使发电机 G4 励磁电流 I_f 下降，直至发电机 G4 定子电流 I 减小到最小值；读取定子电流 I 下降过程中的励磁电流 I_f 和定子电流 I，将数据记录在表 5－6 中。

4）调节励磁电源 2#，继续使发电机 G4 励磁电流 I_f 下降，这时发电机 G4 定子电流 I 又将增大，直至发电机 G4 定子电流 $I = I_N = 1.8$ A；读取定子电流 I 上升过程中的励磁电流 I_f 和定子电流 I，将数据记录在表 5－6 中。

5）实验数据记录完成后，首先让发电机 G4 负荷降到接近零，即减少电动机 M4 电枢电源，使同步发电机 G4 输出有功接近零；再调节发电机 M4 励磁电源 2#，使同步发电机 G4 输出无功接近零，此时同步发电机 G4 输出功率接近零；最后将电动机 M4 停机，即将电枢电源减少为零，再将励磁电源 1# 减少为零。

6）实验完成后，通过一体机软件下电（或切断电源启停旋钮），依次断开交流电源开关、直流电源开关、电枢电源面板开关、励磁电源 1# 面板开关和励磁电源 2# 面板开关；将电枢电源、励磁电源 1# 和励磁电源 2# 电压旋钮逆时针调到底，将相位检测、同期开关断开。

7）绘制出 $P_2 \approx 0.5P_N$ 倍额定功率时同步发电机的 V 形曲线。

表 5 – 6　V 形曲线的调节实验数据

$n =$ ____ r/min；$U =$ ____ V；$P_2 \approx 0.5 P_N$

序号	三相电流 I/A				励磁电流 I_f/A
	I_A	I_B	I_C	I	I_f
1					
2					
3					
4					
5					
6					
7					
8					
9					

表中：$I = (I_A + I_B + I_C)/3$。

【问题研讨】

为什么同步发电机投入电网后，改变直流电动机的励磁电流，可以改变直流电动机和同步发电机的输出功率?

第6章

电动机机械特性测定实验

6.1 知识要点

6.1.1 他励直流电动机的机械特性

电动机最重要的运行特性是它的机械特性，他励直流电动机的机械特性表达式为：

$$n = \frac{U - I_a(R_a + R_{ad})}{C_e\Phi} = \frac{U}{C_e\Phi} - \frac{R_a + R_{ad}}{C_t C_e \Phi^2}T = n_0 - \Delta n \tag{6.1}$$

他励直流电动机机械特性曲线如图6-1
所示，机械特性的硬度为：

$$\beta = \frac{\mathrm{d}T}{\mathrm{d}n} = \frac{\Delta T}{\Delta n} \times 100\% \tag{6.2}$$

β 表示特性的平直程度。电枢回路的附
加电阻 $R_{ad} = 0$，电枢电压 $U = U_N$，磁通 $\Phi = \Phi_N$ 时的机械特性称为固有机械特性。

人为地改变 U、Φ 或增加 R_{ad} 时所得到
的机械特性称为人为机械特性。

电动机启动、调速、制动的方法就是利
用人为机械特性。

改变外加电压的方向和励磁电流的方向
都可以改变电动机的转向。

在平面坐标系中，如果用 X 轴代表电磁

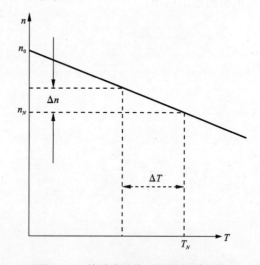

图6-1 他励直流电动机的机械特性

转矩(T)，Y 轴代表电机转速(n)，电磁转矩(T)与电机转速(n)的关系就是电机的机械特性。
他励直流电动机机械特性曲线所在的四象限分别代表直流电动机的4种不同运行状态，如图
6-2所示，第Ⅰ、Ⅲ象限分别代表电动机的正、反向电动运行状态，第Ⅱ、Ⅳ象限分别代表
电动机的正、反向回馈制动状态。

机械特性如果从第Ⅱ象限运行到第Ⅲ象限，则代表电动机处于电源反接的制动状态；如
果从第Ⅱ象限运行到第Ⅳ象限穿过坐标原点，则代表电动机处于能耗制动状态；如果从第Ⅰ

象限运行到第Ⅳ象限，则代表电动机从正向电动运行过渡到电势反接（倒拉反接）的制动运行状态。

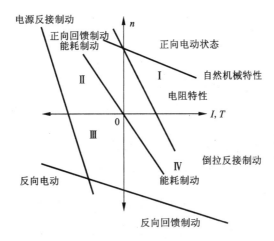

图 6-2 他励直流电动机的四象限运行

6.1.2 他励直流电动机在各运行状态下的主要特征

他励直流电动机在各种运行状态下（又叫四象限运行）的主要特征体现在各物理量的关系与符号的确定上。电磁转矩 T、转速 n、电枢电流 I_a、电势 E、电压平衡方程式及符号的确定和应用场合比较见表 6-1。

表 6-1 电磁转矩 T、转速 n、电枢电流 I_a、电势 E、电压平衡方程式及符号的确定和应用场合比较

运行状态	电动状态	回馈制动	倒拉反接制动	电源反接制动	能耗制动
电压平衡方程式	$U = E + I_a(R_a + R_b)$	$E = U + I_a(R_a + R_b)$	$U + E = I_a(R_a + R_b)$	$U + E = I_a(R_a + R_b)$	$E = I_a(R_a + R_b)$
符号确定	$n>0$, $T>0$, $I_a>0$, E 与 U 方向相反	$n>0$, $T<0$, $I_a<0$, E 与 U 方向相反	$n<0$, $T>0$, $I_a>0$, E 与 U 方向相同	$n>0$ 或 <0, $T<0$, $I_a<0$, E 与 U 方向相反	$U=0$, $n>0$, $T<0$（第Ⅱ象限）($n<0$, $T>0$, 第Ⅳ象限)
应用场合	拖动生产机械	电车下坡或重物下放，当 $n>n_0$ 时控制位能性负载的下降速度	一般在 $n<n_0$ 时控制位能性负载的下降速度	使系统迅速停车（或反向）	使惯性系统迅速停车（或控制位能性负载的下降速度）

6.1.3 直流电动机的制动

电动机拖动生产机械，在生产过程中要求电动机能制动、停车或减速等。所谓制动就是指在电动机的轴上加一个与旋转方向相反的转矩，以达到使机组快速停转，或限制机组的转速在一定的数值内的目的，如电车下坡、重物下放等。在他励直流电动机中，因磁通的方向

恒定不变，从 $T = C_t \Phi I_a$ 可知，可以通过改变电枢电流的方向来改变电磁转矩的方向。因为 $I_a = \dfrac{U - E_a}{R_a}$，所以，有以下三种方法改变 I_a 的方向。

（1）切除电源电压 U，电枢经外电阻 R_b 短路，即 $I_a = \dfrac{-E_a}{R_a + R_b}$，称为能耗制动。由于能耗制动时，$U = 0$，$n_0 = 0$，$I_a = \dfrac{U - E_a}{R_a} = \dfrac{-E_a}{R_a}$，这时的机械特性方程式变为：$n = \dfrac{U}{C_e \Phi} - \dfrac{R_a + R_b}{C_e C_t \Phi^2}$，$T = -\dfrac{R_a + R_b}{C_e C_t \Phi^2} T$。电流 I_a 和电磁转矩 T 都与原来电动机运行状态时的方向相反，即转速方向未变，电流 I_a 和电磁转矩 T 的方向为负，故机械特性在第二象限内为过原点的一条直线。

（2）如果 $n > n_0$，则 $E_a > U$，即 $I_a = \dfrac{-(E_a - U)}{R_a}$，称为回馈制动，又叫再生制动，如电车下坡时，其位能驱使电机升速，当 $n > n_0$（实际转速大于理想空载转速）时，$E_a > U$，此时的电枢电流 $I_a = \dfrac{(U - E_a)}{R_a}$ 改变方向，电磁转矩 T 反向起制动作用，限制转速上升。此时的电动机转变为发电机状态，能将电车下坡时失去的位能转变为电能回馈给电网，故称回馈制动（也叫反馈制动、再生制动或发电制动），见图 6-2，回馈制动的机械特性为穿过理想空载转速点的直线。

（3）将电源电压改变方向，并串入限流电阻 R_b，即 $I_a = \dfrac{-U - E_a}{R_a + R_b}$，此乃电源反接制动。当电源经过反向开关反接时，加到电枢两端的电压极性与电动机运行时相反。由于磁场和转向不变（$n > 0$），电势方向未变，所以 U 和 E_a 方向相同，此时 $I_a = \dfrac{-U - E_a}{R_a + R_b}$ 变为负值，电磁转矩 T 改变方向成为制动转矩。电动机变成了发电机，把机械能转换成电能，将电能消耗在电枢回路的电阻中，电机的转速从 n_1 下降至零，电机停转。机械特性曲线会在第二象限出现。当工作机械为阻力负载时，电动机反转，机械特性曲线进入第三象限，其稳定转速为 $-n_1$。即：电源反接过程的机械特性位于第二象限，反接的瞬间，电枢两端电压为 $U + E_a \approx 2U$，电枢电流 I_a 会很大，所以必须串入限流电阻 R_b，以限制电枢电流，通常限制电枢电流要小于两倍额定电流，即 $R_a + R_b \geq \dfrac{U_N}{I_N}$，这是实验过程中必须注意的地方（电源反接制动一般应用在生产机械要求迅速减速、停车和反向的场合，以及要求经常正反转的机械上）。实验中还要注意的地方就是：电源反接与倒拉反接不同，前者的特点是，U 改变方向和 E_a 方向相同，然后电流 I_a 和转矩 T 的方向改变，机械特性位于第二象限；而后者的特点是，电势 E_a 改变方向和 U 方向相同，而电流 I_a 和 T 的方向未变，但转向改变，机械特性位于第四象限，这是因为电枢回路串入电阻 R_b 较大，此时转速降 $\Delta n = \dfrac{R}{C_e C_t \Phi^2} T > n_0$，故转速 n 为负值。

6.1.4　直流电动机的反向

在电力拖动装置工作过程中，根据生产的要求，也常常需要改变电动机的转向。改变电动机转矩方向的方法有两种：一是将电枢绕组反接；二是将励磁绕组反接。由于励磁绕组匝数较多，电感较大，反向励磁的建立过程缓慢，从而使反接过程不能迅速进行，所以通常采用反接电枢绕组的方法使电动机反转。如果电动机正转，转矩和转速的方向为正，那么反转时，转矩和转速应为负，因此他励直流电动机反转电动状态的机械特性位于第三象限内，反转回馈制动状态的机械特性应该位于第四象限内。

6.1.5　异步电动机的机械特性

见第 4 章异步电动机知识要点 4.1.4。

6.1.6　异步电动机的制动

见第 4 章异步电动机知识要点 4.1.7。

6.2　基本要求

(1)掌握直流电动机、异步电动机的机械特性，特别是人为机械特性。
(2)学会用机械特性的四象限来分析直流电动机、异步电动机的运行状态。

6.3　重点难点

1.重点

掌握直流电动机、异步电动机的机械特性。该特性是基于直流电动机、异步电动机的工作原理而推导出来的，它是分析启动、调速、制动特性的依据，特别要掌握直流电动机、异步电动机的人为机械特性。

2.难点

直流电动机较难理解的是在各种运行状态下的电磁转矩 T、负载转矩 T_L、转速 n、电枢电流 I_a 和电势 E 等符号的确定。

异步电动机较难理解的是定子旋转磁场与转子运动的相对性和电动机的制动过程。

6.4　实验内容及能力考察范围

实验二十一　他励直流电动机在各种运行状态下的机械特性(四象限运行)

任务 1　他励直流电动机电动及回馈制动实验

【实验目的】

了解和测定他励直流电动机电动及回馈制动下的机械特性。

【实验器材】

(1)机组 1#：直流电动机 M1、直流发电机 G1。

（2）MK01 直流电压表模块：直流电压表 1#、2#。

（3）MK02 直流电流表模块：直流电流表 1#、2#、3#。

（4）MK07 交流并网及切换开关模块：转换开关 SW₁、SW₂、SW₃。

（5）可调电阻 2#：$R_{P7/8}$、$R_{P9/10}$、$R_{P11/12}$。

（6）可调电阻 1#：$R_{P1/2}$、$R_{P3/4}$、$R_{P5/6}$。

（7）单相可调电阻负载：R_W。

（8）直流稳压电源（250 V/20 A）电枢电源。

（9）直流稳压电源（250 V/3 A）励磁电源 1#。

（10）直流稳压电源（150 V/5 A）励磁电源 2#。

（11）导线若干。

【实验内容】

$R = 0\ \Omega$ 时他励直流电动机在电动运行状态及回馈制动状态下的机械特性。

【实验步骤】

（1）按图 6-3 接线，接好线经老师检查无误后方可通电调试。

（2）检查电枢电源、励磁电源 1# 和励磁电源 2# 是否在初始状态（按下红色电源按钮，右侧两个电压旋钮逆时针调到底，上电后装置 C.C 灯灭，C.V 灯亮；实验过程中，只调节电压旋钮，不调节电流旋钮）；将 R_W 顺时针调至阻值最大位置，将 $R_{P1/2}$、$R_{P3/4}$ 和 $R_{P5/6}$ 顺时针调至阻值 450 Ω 位置，将 $R_{P7/8}$、$R_{P9/10}$ 和 $R_{P11/12}$ 逆时针调至阻值最小位置，将开关 SW₁、SW₂ 和 SW₃ 打到左侧位置。

（3）通过一体机软件上电（或接通电源启停旋钮），依次合上交流电源开关、直流电源开关、电枢电源面板开关、励磁电源 1# 面板开关和励磁电源 2# 面板开关。

（4）调节励磁电源 2#，使电动机 M1 励磁电流达到额定值（0.43 A）。

（5）调节电枢电源，使电动机 M1 转速达到额定转速（1500 r/min）。

（6）调节励磁电源 1#，使发电机 G1 励磁电流达到额定值（0.25 A）。

（7）逆时针调节 R_W，使电动机 M1 电枢电流达到 6 A，再调节电枢电源，使机组 1# 转速保持 1500 r/min，电枢电流达到额定值（6.8 A），此时电动机 M1 达到电动额定运行状态，将实验数据记录在表 6-2 中。

（8）逐渐顺时针同步增加负载电阻 R_W、$R_{P1/2}$、$R_{P3/4}$ 及 $R_{P5/6}$，即减小发电机 G1 的负载。将 R_W、$R_{P1/2}$、$R_{P3/4}$ 及 $R_{P5/6}$ 顺时针调至阻值最大位置后，将开关 SW₃ 打到中间位置，此时发电机 G1 处于空载状态，将实验过程数据记录在表 6-2 中。

（9）将 R_W、$R_{P1/2}$、$R_{P3/4}$ 及 $R_{P5/6}$ 逆时针调至阻值最小位置，将开关 SW₂ 打到右侧位置；调节励磁电源 1#，使发电机 G1 的空载电压与电枢电源电压相等（SW₃ 开关 L2/L5 端子与 L3/L6 端子之间的电压），并且极性相同，再将开关 SW₃ 打到右侧位置（特别注意，需严格按照步骤进行 SW₂、SW₃ 开关的切换操作，否则会烧坏 SW₃ 开关）。

（10）减小励磁电源 1#，电动机 M1 转速升高，当电动机 M1 电枢电流为 0 A 时，电动机 M1 转速为理想空载转速，继续减小励磁电源 1#，使电动机 M1 进入第二象限回馈制动状态运行，直到转速达到约为 1800 r/min，将实验过程数据快速记录在表 6-2 中（1800 r/min 附近快速记录）。

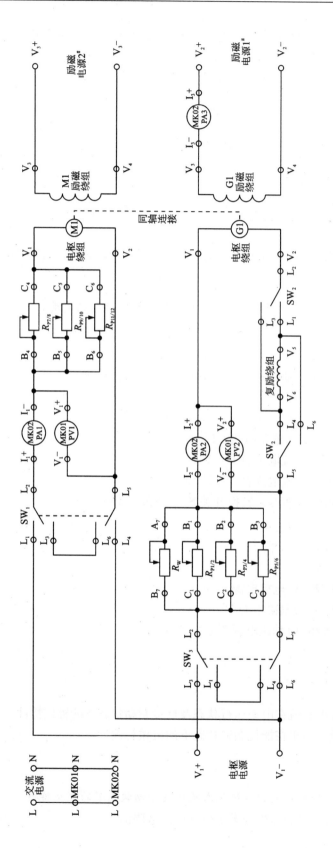

图6-3　他励直流电动机电动运行及回馈制动实验接线图

（11）实验完成后，通过一体机软件下电（或切断电源启停旋钮），依次断开交流电源开关、直流电源开关、电枢电源面板开关、励磁电源 1# 面板开关和励磁电源 2# 面板开关；将电枢电源、励磁电源 1# 和励磁电源 2# 逆时针调到底；将 R_W、$R_{P1/2}$、$R_{P3/4}$、$R_{P5/6}$、$R_{P7/8}$、$R_{P9/10}$ 和 $R_{P11/12}$ 顺时针调至阻值最大位置，再将 SW$_1$、SW$_2$、SW$_3$ 开关打到中间位置。

表 6-2　直流电动机电动运行及回馈制动特性

序号	1	2	3	4	5	6	7	8	9	10	11	12	13	14	15
I_1/A															
$n/(\text{r}\cdot\text{min}^{-1})$															

（12）根据实验数据绘制 $R=0\ \Omega$ 时他励直流电动机在电动运行状态及回馈制动状态下的机械特性。

任务 2　他励直流电动机电动运行、反接制动及能耗制动实验

【实验目的】

了解和测定他励直流电动机电动运行、反接制动及能耗制动的机械特性。

【实验器材】

（1）机组 1#：直流电动机 M1、直流发电机 G1。
（2）MK01 直流电压表模块：直流电压表 1#、2#。
（3）MK02 直流电流表模块：直流电流表 1#、2#、3#。
（4）MK07 交流并网及切换开关模块：转换开关 SW$_1$、SW$_2$、SW$_3$。
（5）可调电阻 2#：$R_{P7/8}$、$R_{P9/10}$、$R_{P11/12}$。
（6）可调电阻 1#：$R_{P1/2}$、$R_{P3/4}$、$R_{P5/6}$。
（7）单相可调电阻负载：R_W。
（8）直流稳压电源（250 V/20 A）电枢电源。
（9）直流稳压电源（250 V/3 A）励磁电源 1#。
（10）直流稳压电源（150 V/5 A）励磁电源 2#。
（11）导线若干。

【实验内容】

（1）$R=60\ \Omega$ 时他励直流电动机在电动运行状态及反接制动状态下的机械特性。
（2）$R=10\ \Omega$ 时他励直流电动机在能耗制动状态下的机械特性。

【实验步骤】

1. $R=60\ \Omega$ 时他励直流电动机在电动运行状态及反接制动状态下的机械特性
（1）按图 6-4 接线，接好线经老师检查无误后方可通电调试。

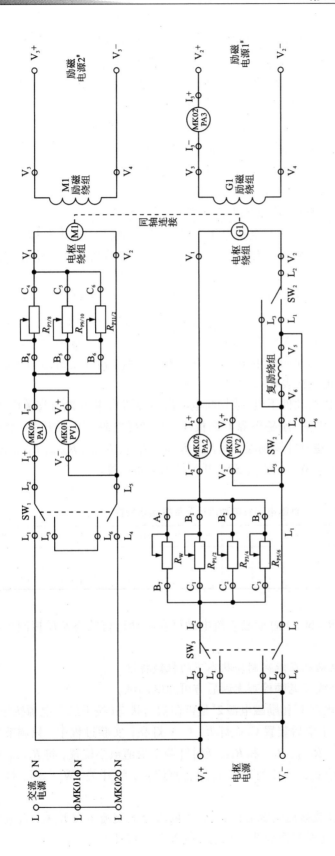

图6-4　他励直流电动机电动运行、反接制动及能耗制动实验接线图

（2）检查电枢电源、励磁电源 1# 和励磁电源 2# 是否在初始状态（按下红色电源按钮，右侧两个电压旋钮逆时针调到底，上电后装置 C.C 灯灭，C.V 灯亮；实验过程中，只调节电压旋钮，不调节电流旋钮）；将 R_W、$R_{P1/2}$、$R_{P3/4}$、$R_{P5/6}$、$R_{P7/8}$、$R_{P9/10}$ 和 $R_{P11/12}$ 顺时针调至阻值最大位置，将开关 SW_1、SW_2 打到左侧位置，将开关 SW_3 打到中间位置。

（3）通过一体机软件上电（或接通电源启停旋钮），依次合上交流电源开关、直流电源开关、电枢电源面板开关、励磁电源 1# 面板开关和励磁电源 2# 面板开关。

（4）调节励磁电源 2#，使电动机 M1 励磁电流达到额定值（0.43 A）。

（5）调节电枢电源，使电动机 M1 电枢电压达到额定值（220 V）。

（6）调节励磁电源 1#，使发电机 G1 励磁电流达到额定值（0.25 A）。

（7）检查直流发电机 G1 空载电压与电枢电压的极性是否相反（SW_3 开关 L2/L5 端子与 L1/L4 端子之间的电压），若极性相反，则把开关 SW_3 打到左侧位置，将实验数据记录在表 6-3 中。

（8）逐渐逆时针同步减小负载电阻 R_W、$R_{P1/2}$、$R_{P3/4}$ 及 $R_{P5/6}$（注意各路负载电流不要超过额定值），直至电动机 M1 转速为零。继续减小负载电阻 R_W、$R_{P1/2}$、$R_{P3/4}$ 及 $R_{P5/6}$（注意各路负载电流不要超过额定值），使电动机 M1 进入反向旋转，转速在反方向上逐渐上升，此时电机机 M1 是在反接制动状态运行，直至负载电阻为零（R_W、$R_{P1/2}$、$R_{P3/4}$ 和 $R_{P5/6}$ 最后 1/5 量程，应快速调节），将实验过程数据记录在表 6-3 中。

（9）实验完成后，通过一体机软件下电（或切断电源启停旋钮），依次断开交流电源开关、直流电源开关、电枢电源面板开关、励磁电源 1# 面板开关和励磁电源 2# 面板开关；将电枢电源、励磁电源 1# 和励磁电源 2# 逆时针调到底；将 R_W、$R_{P1/2}$、$R_{P3/4}$、$R_{P5/6}$、$R_{P7/8}$、$R_{P9/10}$ 和 $R_{P11/12}$ 顺时针调至阻值最大位置，再将 SW_1、SW_2、SW_3 开关打到中间位置。

表 6-3　直流电动机电动运行及反接制动特性

序号	1	2	3	4	5	6	7	8	9	10	11	12	13	14	15
I_1/A															
$n/(\text{r}\cdot\text{min}^{-1})$															

（10）根据实验数据绘制 $R = 60\ \Omega$ 时他励直流电动机在电动运行状态及反接制动状态下的机械特性。

2. $R = 10\ \Omega$ 时他励直流电动机在能耗制动状态下的机械特性

（1）按图 6-4 接线，接好线经老师检查无误后方可通电调试。

（2）检查电枢电源、励磁电源 1# 和励磁电源 2# 是否在初始状态（按下红色电源按钮，右侧两个电压旋钮逆时针调到底，上电后装置 C.C 灯灭，C.V 灯亮；实验过程中，只调节电压旋钮，不调节电流旋钮）；将 R_W、$R_{P1/2}$、$R_{P3/4}$ 和 $R_{P5/6}$ 逆时针调至阻值最小位置，将 $R_{P7/8}$、$R_{P9/10}$ 和 $R_{P11/12}$ 顺时针调至阻值 30 Ω 位置，将开关 SW_1 打到右侧位置，将开关 SW_2、SW_3 打到左侧位置。

（3）通过一体机软件上电（或接通电源启停旋钮），依次合上交流电源开关、直流电源开关、电枢电源面板开关、励磁电源 1# 面板开关和励磁电源 2# 面板开关。

（4）调节励磁电源 2#，使电动机 M1 励磁电流达到额定值（0.43 A）。

（5）调节励磁电源 1#，使发电机 G1 励磁电流达到额定值（0.25 A）。

（6）调节电枢电源，使电动机 M1 的能耗制动电流 $I_1 = 0.8I_n = 5.44$ A，将实验过程数据记录在表 6 - 4 中。

（7）逐渐减小电枢电源，直至电枢电源也为零，此时电动机 M1 转速为零，将实验过程数据记录在表 6 - 4 中。

（8）将开关 SW₂、SW₃ 打到右侧位置，逐渐增大电枢电源，使电动机 M1 的能耗制动电流 $I_1 = -0.8I_n = -5.44$ A，将实验过程数据记录在表 6 - 4 中。

（9）实验完成后，通过一体机软件下电（或切断电源启停旋钮），依次断开交流电源开关、直流电源开关、电枢电源面板开关、励磁电源 1# 面板开关和励磁电源 2# 面板开关；将电枢电源、励磁电源 1# 和励磁电源 2# 逆时针调到底；将 R_W、$R_{P1/2}$、$R_{P3/4}$、$R_{P5/6}$、$R_{P7/8}$、$R_{P9/10}$ 和 $R_{P11/12}$ 顺时针调至阻值最大位置，再将 SW₁、SW₂、SW₃ 开关打到中间位置。

表 6 - 4　直流电动机能耗制动特性

序号	1	2	3	4	5	6	7	8	9	10	11	12	13	14	15
I_1/A															
$n/(\text{r}\cdot\text{min}^{-1})$															

（10）根据实验数据绘制 $R = 10\ \Omega$ 时他励直流电动机在能耗制动状态下的机械特性。

实验二十二　三相异步电动机在各种运行状态下的机械特性

【实验目的】

了解三相绕线式异步电动机在各种运行状态下的机械特性。

【实验器材】

（1）机组 3#：三相绕线式异步电动机 M3、直流发电机 G3。

（2）MK01 直流电压表模块：直流电压表 1#。

（3）MK02 直流电流表模块：直流电流表 1#、2#。

（4）MK05 单相交流表模块：功率表 1#。

（5）MK07 交流并网及切换开关模块：SW₁、SW₂、SW₃。

（6）三相调压器。

（7）可调电阻 2#：$R_{P7/8}$、$R_{P9/10}$、$R_{P11/12}$。

（8）可调电阻 1#：$R_{P1/2}$、$R_{P3/4}$、$R_{P5/6}$。

（9）单相可调电阻负载：R_W。

（10）三相可调电阻负载：$R_1 \sim R_9$。

（11）直流稳压电源（250 V/20 A）电枢电源。

（12）直流稳压电源（250 V/3 A）励磁电源 1#。

（13）直流稳压电源（150 V/5 A）励磁电源 2#。

（14）导线若干。

【实验内容】

（1）$R = 0\ \Omega$ 时三相异步电动机在电动运行状态及回馈制动状态下的机械特性。

（2）$R = 6\ \Omega$ 时三相异步电动机在电动运行状态及反接制动状态下的机械特性。

（3）$R = 6\ \Omega$ 时三相异步电动机在能耗制动状态下的机械特性。

（4）求取机组 2# 空载力矩特性。

【实验步骤】

1. $R = 0\ \Omega$ 时三相异步电动机在电动运行状态及回馈制动状态下的机械特性

（1）按图 6 – 5 接线，用专用电缆连接转速表机组接口与机组 3# 转速接口，接好线经老师检查无误后方可通电调试。

（2）检查电枢电源、励磁电源 1# 和励磁电源 2# 是否在初始状态（按下红色电源按钮，右侧两个电压旋钮逆时针调到底，上电后装置 C.C 灯灭，C.V 灯亮；实验过程中，只调节电压旋钮，不调节电流旋钮）；将三相调压器逆时针调到底，将 R_W、$R_{P1/2}$、$R_{P3/4}$、$R_{P5/6}$、$R_{P7/8}$、$R_{P9/10}$ 和 $R_{P11/12}$ 顺时针调至阻值最大位置，将开关 SW_1、SW_2 打到左侧位置，将开关 SW_3 打到中间位置，将三相可调电阻负载打到 3 挡。

（3）接通电源启停旋钮，依次合上交流电源开关、直流电源开关、电枢电源面板开关、励磁电源 1# 面板开关和励磁电源 2# 面板开关。

（4）调节三相调压器，使输出电压达到 110 V。

（5）调节励磁电源 1#，使发电机 G3 励磁电流达到额定值（0.25 A）。

（6）调节电枢电压，使发电机 G3 空载电压与电枢电压大致相等，极性相反（SW_3 开关 L_2/L_5 端子与 L_1/L_4 端子之间的电压）。确认无误后，把 SW_3 开关打到左侧位置。

（7）逐渐同步逆时针减小 R_W、$R_{P1/2}$、$R_{P3/4}$ 和 $R_{P5/6}$，直至电动机 M3 转速为零，将实验过程数据记录在表 6 – 5 中。

（8）减小电枢电源，直至电枢电源为零，把开关 SW_3 打到中间位置，此时电动机 M3 由堵转状态到空载状态，将实验数据记录在表 6 – 5 中。

（9）将 R_W、$R_{P1/2}$、$R_{P3/4}$ 和 $R_{P5/6}$ 逆时针调至阻值最小位置，把开关 SW_2、SW_3 打到右侧位置，增大电枢电源，使电动机 M3 转速达到 1.2 倍额定转速（1050 r/min），此时电动机 M3 处于回馈制动状态，将实验过程数据记录在表 6 – 5 中（特别注意，需严格按照步骤进行开关 SW_2、SW_3 的切换操作，否则会烧毁开关 SW_3）。

（10）实验完成后，通过一体机软件下电（或切断电源启停旋钮），依次断开交流电源开关、直流电源开关、电枢电源面板开关、励磁电源 1# 面板开关和励磁电源 2# 面板开关；将三相调压器逆时针调到底，将电枢电源、励磁电源 1# 和励磁电源 2# 逆时针调到底；将 R_W、$R_{P1/2}$、$R_{P3/4}$、$R_{P5/6}$、$R_{P7/8}$、$R_{P9/10}$ 和 $R_{P11/12}$ 顺时针调至阻值最大位置，再将 SW_1、SW_2、SW_3 开关打到中间位置，将三相可调电阻负载打到 0 挡。

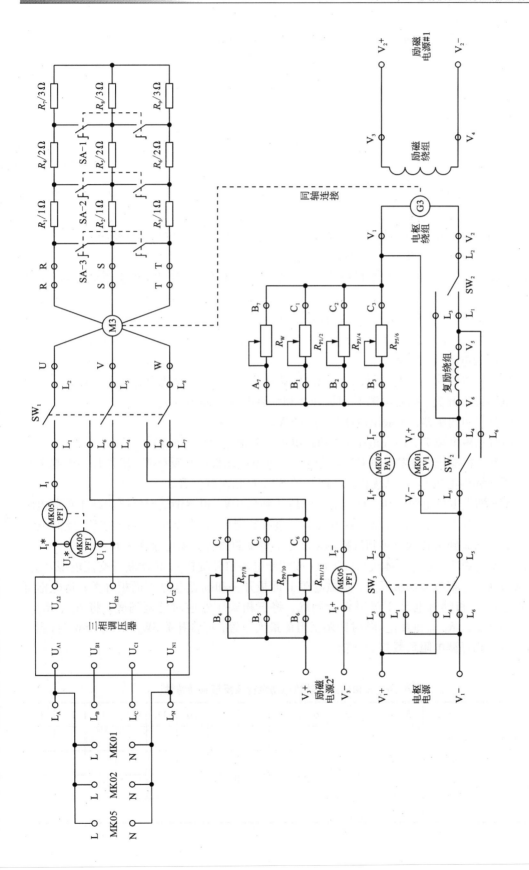

图6-5　三相异步电动机在各种运行状态下的机械特性接线图

表6-5　三相异步电动机电动运行及回馈制动特性

序号	1	2	3	4	5	6	7	8	9	10	11	12	13	14	15
U_1/V															
I_1/A															
I/A															
$n/(\text{r} \cdot \text{min}^{-1})$															

(11)根据实验数据绘制 $R = 0\ \Omega$ 时三相异步电动机在电动运行状态及回馈制动状态下的机械特性。

2. $R = 6\ \Omega$ 时三相异步电动机在电动运行状态及反接制动状态下的机械特性

(1)按图6-5接线,接好线经老师检查无误后方可通电调试。

(2)检查电枢电源、励磁电源1#和励磁电源2#是否在初始状态(按下红色电源按钮,右侧两个电压旋钮逆时针调到底,上电后装置 C.C 灯灭,C.V 灯亮;实验过程中,只调节电压旋钮,不调节电流旋钮);将三相调压器逆时针调到底,将 R_W、$R_{\text{P1/2}}$、$R_{\text{P3/4}}$、$R_{\text{P5/6}}$、$R_{\text{P7/8}}$、$R_{\text{P9/10}}$ 和 $R_{\text{P11/12}}$ 顺时针调至阻值最大位置,将开关 SW$_1$、SW$_2$ 打到左侧位置,将开关 SW$_3$ 打到中间位置,将三相可调电阻负载打到1挡。

(3)通过一体机软件上电(或接通电源启停旋钮),依次合上交流电源开关、直流电源开关、电枢电源面板开关、励磁电源1#面板开关和励磁电源2#面板开关。

(4)调节三相调压器,使输出电压达到110 V。

(5)调节励磁电源1#,使发电机 G3 励磁电流达到额定值(0.25 A)。

(6)调节电枢电压,使发电机 G3 空载电压与电枢电压极性相反(SW$_3$ 开关 L2/L5 端子与 L1/L4 端子之间的电压)。确认无误后,把开关 SW$_3$ 打到左侧位置。

(7)逐渐增大电枢电源电压,直至电枢电压达到220 V,再逐渐逆时针同步减小负载电阻 R_W、$R_{\text{P1/2}}$、$R_{\text{P3/4}}$ 及 $R_{\text{P5/6}}$(注意各路负载电流不要超过额定值),直至负载电阻为零,此时电动机 M3 由电动状态到堵转状态再到反接制动状态,将实验过程数据记录在表6-6中。

(8)实验完成后,通过一体机软件下电(或切断电源启停旋钮),依次断开交流电源开关、直流电源开关、电枢电源面板开关、励磁电源1#面板开关和励磁电源2#面板开关;将电枢电源、励磁电源1#和励磁电源2#逆时针调到底;将三相调压器逆时针调到底,将 R_W、$R_{\text{P1/2}}$、$R_{\text{P3/4}}$、$R_{\text{P5/6}}$、$R_{\text{P7/8}}$、$R_{\text{P9/10}}$ 和 $R_{\text{P11/12}}$ 顺时针调至阻值最大位置,再将开关 SW$_1$、SW$_2$、SW$_3$ 打到中间位置,将三相可调电阻负载打到0挡。

表6-6　三相异步电动机电动运行及反接制动特性

序号	1	2	3	4	5	6	7	8	9	10	11	12	13	14	15
U_1/V															
I_1/A															
I/A															
$n/(\text{r} \cdot \text{min}^{-1})$															

（9）根据实验数据绘制 $R = 6\ \Omega$ 时三相异步电动机在电动运行状态及反接制动状态下的机械特性。

3. $R = 6\ \Omega$ 时三相异步电动机在能耗制动状态下的机械特性

（1）按图 6 - 5 接线，用专用电缆连接转速表机组接口与机组 3# 转速接口，接好线经老师检查无误后方可通电调试。

（2）检查电枢电源、励磁电源 1# 和励磁电源 2# 是否在初始状态（红色电流按钮按下，左侧两个电流旋钮顺时针调到底，右侧两个电压旋钮逆时针调到底，上电后装置 C.C 灯灭，C.V 灯亮；实验过程中，只调节电压旋钮，不调节电流旋钮）；将三相调压器逆时针调到底，将 R_W、$R_{P1/2}$、$R_{P3/4}$、$R_{P5/6}$、$R_{P7/8}$、$R_{P9/10}$ 和 $R_{P11/12}$ 顺时针调至阻值最大位置，将开关 SW_1 打到右侧位置，将开关 SW_2、SW_3 打到左侧位置，将三相可调电阻负载打到 1 挡。

（3）通过一体机软件上电（或接通电源启停旋钮），依次合上交流电源开关、直流电源开关、电枢电源面板开关、励磁电源 1# 面板开关和励磁电源 2# 面板开关。

（4）调节励磁电源 2# 及 $R_{P7/8}$、$R_{P9/10}$、$R_{P11/12}$，使电动机 M3 的定子绕组电流接近 $I = 2\ A$（注 $I = -2\ A$）。

（5）调节励磁电源 1#，使发电机 G3 励磁电流达到额定值（0.25 A）。

（6）调节电枢电源，使发电机 G3 电枢电压达到额定值（220 V）；再逆时针同步调节 R_W、$R_{P1/2}$、$R_{P3/4}$、$R_{P5/6}$，使电机机 M3 转速达到额定值（-866 r/min），将实验过程数据记录在表 6 - 7 中。

（7）减小电枢电源，直到发电机 G3 电枢电压为零，将实验数据记录在表 6 - 7 中。

（8）实验完成后，通过一体机软件下电（或切断电源启停旋钮），依次断开交流电源开关、直流电源开关、电枢电源面板开关、励磁电源 1# 面板开关和励磁电源 2# 面板开关；将电枢电源、励磁电源 1# 和励磁电源 2# 逆时针调到底；将三相调压器逆时针调到底，将 R_W、$R_{P1/2}$、$R_{P3/4}$、$R_{P5/6}$、$R_{P7/8}$、$R_{P9/10}$ 和 $R_{P11/12}$ 顺时针调至阻值最大位置，再将开关 SW_1、SW_2、SW_3 打到中间位置，将三相可调电阻负载打到 0 挡。

表 6 - 7　三相异步电动机能耗制动特性

序号	1	2	3	4	5	6	7	8	9	10	11	12	13	14	15
U_1/V															
I_1/A															
I/A															
$n/(\mathrm{r \cdot min^{-1}})$															

（9）根据实验数据绘制 $R = 6\ \Omega$ 时三相异步电动机在能耗制动状态下的机械特性。

第二篇

电力电子技术实验

第7章

实验须知

7.1 实验的基本要求

培养学生根据实验目的、实验内容及实验设备来拟定实验线路，选择所需仪表，确定实验步骤，测取所需数据，进行分析研究，得出必要结论，从而完成实验报告的能力。学生在整个实验过程中，必须集中精力，及时认真做好实验。现按实验过程对学生提出下列基本要求。

一、实验前的准备

实验前应复习教科书有关章节，认真研读实验指导书，了解实验目的、项目、方法与步骤，明确实验过程中应注意的问题（有些内容可到实验室对照实验预习，如熟悉组件的编号、使用及其规定值等），并按照实验项目准备记录抄表等。

实验前应写好预习报告，经指导教师检查，认为确实做好了实验前的准备后，方可开始做实验。

认真做好实验前的准备工作，对于培养学生的独立工作能力，提高实验质量和保护实验设备都是很重要的。

二、实验的进行

1.建立小组，合理分工

每次实验都以小组为单位进行，每组由 2~3 人组成，实验进行中的接线、调节负载、保持电压或电流、记录数据等工作应有明确的分工，以保证实验操作协调，记录数据准确可靠。

2.选择组件和仪表

实验前先熟悉该次实验所用的组件，记录电机铭牌和选择仪表量程，然后依次排列组件和仪表，以便于测取数据。

3.按图接线

根据实验线路图及所选组件、仪表按图接线，线路力求简单明了，一般接线原则是先接串联主回路，再接并联支路。为查找线路方便，每路可用相同颜色的导线。

4.认真负责，实验有始有终

实验完毕，须将数据交给指导教师审阅。经指导教师认可后，才允许拆线并把实验所用的组件、导线及仪器等物品整理好。

三、实验报告

实验报告是根据实测数据和实验中观察和发现的问题,经过自己分析研究或小组分析讨论后写出的心得体会。

实验报告要简明扼要、字迹清楚、图表整洁、结论明确。

实验报告应包括以下内容:

(1)实验名称、专业班级、学号、姓名、实验日期、室温(℃)。

(2)实验中所用的仪器、设备、规格型号、数量及主要参数。

(3)列出实验项目并绘出实验时所用的线路图,并注明仪表量程、电阻器阻值、电源端编号等。

(4)数据的整理和计算。

(5)按记录及计算的数据用坐标纸画出曲线,图纸尺寸不小于 8 cm × 8 cm,曲线要用曲线尺或曲线板连成光滑曲线,不在曲线上的点仍须按实际数据标出。

(6)根据数据和曲线进行计算和分析,说明实验结果与理论是否符合,可对某些问题提出一些自己的见解并最后写出结论。实验报告应写在一定规格的报告纸上,保持整洁。

(7)每次实验每人独立完成一份报告,按时送交指导教师批阅。

7.2　实验安全操作规程

为了按时完成大功率电机实验,确保实验时的人身安全与设备安全,要严格遵守规定的安全操作规程:

(1)实验时,人体不可接触带电线路。

(2)接线或拆线都必须在切断电源的情况下进行。

(3)学生独立完成接线或改接线路后必须经指导教师检查和允许,并引起组内其他同学注意后方可接通电源。实验中如发生事故,应立即切断电源,查清问题和妥善处理故障后,才能继续进行实验。

(4)总电源或实验台实验平台上的电源接通应由实验指导人员来控制,其他人只能经指导人员允许后方可操作,不得自行合闸。

7.3　各模块功能介绍

一、EZT3－10 TC787 触发电路模块

1. TC787 芯片介绍

TC787 集成电路作为功率晶闸管的移相触发电路,适用于主功率器件是晶闸管的三相全控桥或其他拓扑电路结构的系统中。

TC787 在单、双电源下均可工作,这使其适用电源的范围较广泛,它们输出三相触发脉冲的触发控制角可在 0°～180°范围内连续同步改变。它们对零点的识别非常可靠,这使它们常被用作过零开关,同时器件内部设计有移相控制电压与同步锯齿波电压交点(交相)的锁定

电路,抗干扰能力极强。电路自身具有输出禁止端,使用户可在过电流、过电压时进行保护,保证系统安全。

TC787 通过改变 6 脚的电平高低来设置其输出是双脉冲还是单脉冲。在正序时同步信号与双脉冲触发关系见图 7 - 1。晶闸管的导通采用双脉冲触发,脉冲宽度由 C_x 端外接电容容值决定,每组脉冲之间的间隔为 60°。

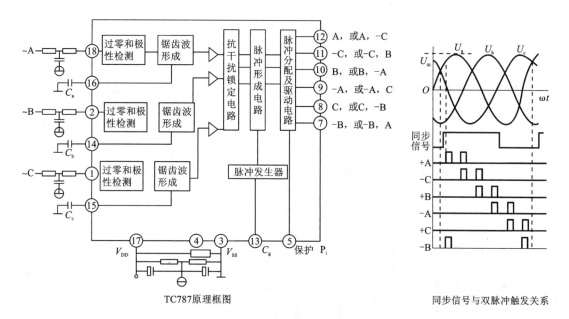

图 7 - 1   TC787 原理框图

TC787 的逻辑电路框图组成如图 7 - 1 所示。它由同步过零电路、极性检测电路、锯齿波形成电路、锯齿波比较电路、抗干扰电路、调制脉冲发生器电路、脉冲形成电路和脉冲分配电路组成。经滤波后的三相同步电压,通过过零和极性检测单元检测出零点和极性后,可作为内部三个恒流源的控制信号。三个恒流源输出的恒值电流给三个等值电容 C_a、C_b、C_c 恒流充电,形成良好的等斜率锯齿波。锯齿波形成单元输出的锯齿波与移相控制电压 V_r 比较后取得交相点,该交相点经集成块内部的抗干扰锁定电路锁定,能保证交相唯一而稳定,这使交相点以后的锯齿波或移相电压的波动不影响输出。该交相信号与脉冲发生器输出的调制脉冲信号经脉冲形成电路处理后,变为与三相输入同步信号相位对应且与移相电压大小适应的脉冲信号,并送到脉冲分配及驱动电路。此时脉冲分配电路根据用户在引脚 6 设定的状态完成双脉冲(引脚 6 为高电平)或单脉冲(引脚 6 为低电平)的分配功能,并经输出驱动电路功率放大后输出。一旦系统发生过电流、过电压或其他非正常情况,在引脚 5 输入高电平信号,脉冲分配及驱动电路内部的逻辑电路动作,封锁脉冲输出,即可确保集成块的 12、11、10、9、8、7 六个引脚输出全为低电平。

2. 模块介绍

模块原理图如图 7 - 2 所示。

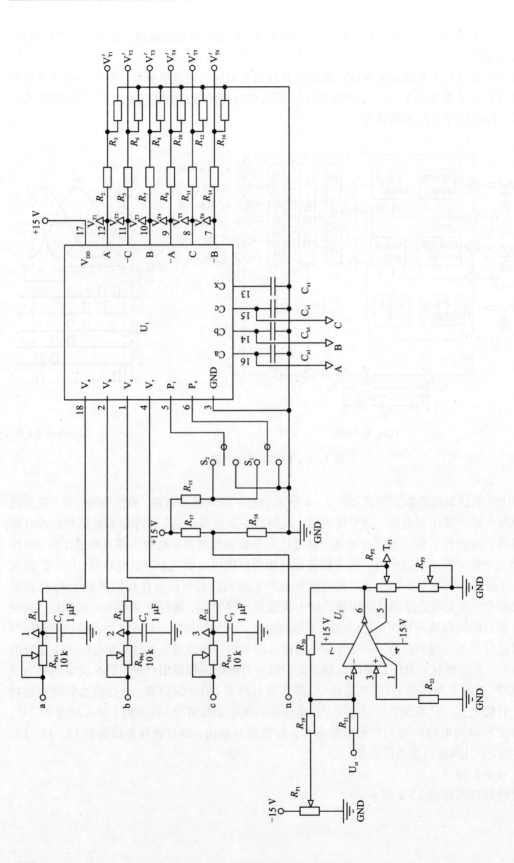

图2 TC787模块原理图

（1）a、b、c 三个三号弱电柱输入端口接"控制屏"上的"三相同步信号"，n 点接在直流电源电压的 1/2 处（同步信号的峰值不要大过直流电源电压）。

（2）电位器 R_{Pa1}、R_{Pb1}、R_{Pc1} 起到调节芯片输入的同步信号幅值的作用，同时也能与电容配合起到微调输入到芯片的同步信号相位的作用（输入芯片的信号波形从 1、2、3 观测点观测）。所以芯片输出的双窄脉冲（观测点为 VT*）间距可通过此电位器来调节，也可与 R_{P3} 点位器配合调节，起到限制触发脉冲的移向范围的作用。调节时应保证三相均衡调节。

（3）外部给定从 U_{ct} 端口输入，实验时通常限定为 0~6 v。经比例放大后的实际输入芯片的给定电压可通过 TP1 测量点测量。

（4）A、B、C 相锯齿波观测点为与同步型号相对应的锯齿波波形。

（5）芯片 6 脚为功能选择端，高电平是芯片输出波形为全控双脉冲，低电平是芯片输出波形为半控单脉冲。5 脚为禁止端（使能端）输入高电平芯片封锁输出。两处由纽子开关 S_1、S_2 作为切换。

3．调试方法

（1）接线图如图 7 - 3 所示。

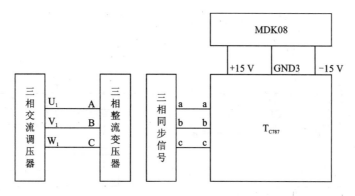

图 7 - 3　TC787 模块接线图

（2）将电位器 R_{Pa1}、R_{Pb1}、R_{Pc1} 逆时针调到底，用双踪示波器观测 A、B、C 三相锯齿波观测孔，用一路通道观测同步信号，另一路探头观测锯齿波波形，其中 a、b、c 三路同步信号 a 对应 A 相锯齿波，b 对应 B 相锯齿波，c 对应 C 相锯齿波。所测波形如图 7 - 4 所示。

（3）顺时针调节 R_{P2} 调到底，调节 R_{P3} 使 TP1 点电压达到最低，然后用一路通道观测同步信号 A，另一路探头观测点 VT_1，调节 R_{P1} 电位器，使触发信号出现在同步信号 150° 的位置（即 α = 120°）。此时观测 VT_1、VT_2、VT_3、VT_4、VT_5、VT_6 六路观测孔波形，VT_1~VT_6 依次增加 60°，调节 R_{P2}，观测每路脉冲的可移相范围是否大于 120°，否则调节 R_{P3} 电位器，必

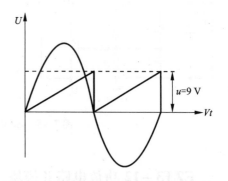

图 7 - 4　各相锯齿波与同步信号的相位关系

要时也可调节 R_{P1} 电位器，同步信号与双列脉冲触发关系应满足图 7-5（将拨动开关拨到正常工作侧，有脉冲输出；将拨动开关拨到封锁输出侧，则无脉冲；将拨动开关由双列脉冲拨到单列脉冲时，则双列脉冲由双窄脉冲变为单窄脉冲）。

（4）若在双窄脉冲状态时，双窄脉冲宽度不满足 60°，则微调 R_{Pa1}、R_{Pb1}、R_{Pc1} 电位器，保证双窄脉冲宽度至少为 60°，然后重复上面第三步的调试过程，否则无法完成三相全控实验。

二、EZT3-11 功放电路 I 模块

该模块的主要作用是将 T_{C787} 触发电路模块输出的触发信号进行功率放大，以驱动晶闸管模块。

模块原理图见图 7-6。

触发信号从 V_T 端输入，功放后从 G、K 输出端输出至晶闸管。U_{If} 端为使能端，需在使用时连接到 GND。

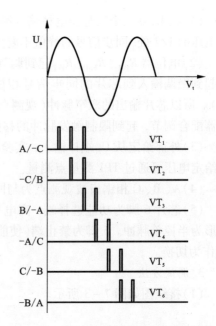

图 7-5 同步信号与双列脉冲触发关系

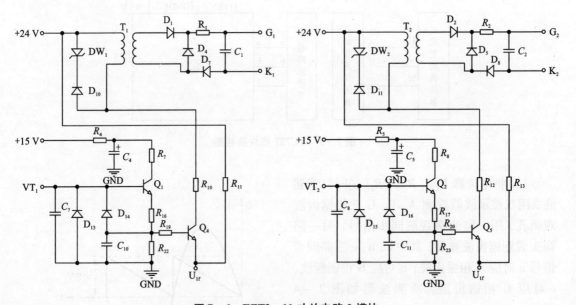

图 7-6 EZT3-11 功放电路 I 模块

三、EZT3-12 功放电路 II 模块

EZT3-12 功放电路 II 模块工作原理与 EZT3-11 相同。

四、EZT3 –13 功放电路Ⅲ模块

EZT3 –13 功放电路Ⅲ模块工作原理与 EZT3 –11 相同。

五、EZT3 –15 调节器 I 模块

1.模块介绍

该模块的功能是对给定和反馈两个输入量进行加法、比例、积分等运算,使其输出按某一规律变化。该模块由运算放大器、输入变换器、反馈环节、二极管输出限幅环节构成,其原理图如图 7 –7 所示。

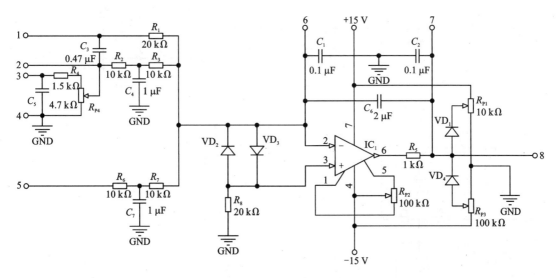

图 7 –7　EZT3 –15 调节器 I 模块原理图

在图 7 –7 中,"1、2、3、4、5"端为信号输入端。其中,"2、5"端由 C_4、R_2、C_7、R_6 组成微分反馈矫正环节,有助于抑制振荡,减少超调。"3、4"端间构成有输入电压变换环节,其值经过电位器 R_{P4} 调节后作用于"2"端。二极管 VD_2、VD_3 为运放的输入限幅,起到保护运放的作用。二极管 VD_1、VD_4 和电位器 R_{P1}、R_{P3} 组成正负限幅值可调的输出限幅电路。"6、7"端用于外接比例电阻与积分电容(从 EZT3 –19 上得到),用以调整系统的放大倍数与相应时间。R_{P2} 为运放的调零电位器。

2.调试方法

(1)调零:把输入端"1、2、3、5"短接后接地,在"6、7"端之间接 30 kΩ 电阻(从 EAZT3 –19可调电阻电容模块得到)构成比例调节器,用万用表的直流 mV 挡测量"8"端,调节调零电位器 R_{P2},调节至输出约为零。

(2)正负限幅值的整定:在"6、7"端串接 30 kΩ 电阻和可调电容(可调电容调至最大值)(从 EAZT3 –19 可调电阻电容模块得到)构成比例积分调节器,在输入端"5"加一个 +3 V 的给定电压,用万用表测量输出端"8",调节 R_{P3} 电位器,将其值整定为 –6 V;在输入端"5"加一个 –3 V 的给定电压,调节 R_{P1} 电位器,将其值整定为 6 V。

六、EZT3–16 调节器Ⅱ模块

1. 模块介绍

该模块是由运算放大器、限幅电路、输入选择网络等环节构成的。其工作原理基本上与 EZT3–15 调节器Ⅰ模块相同，原理图如图 7–8 所示。

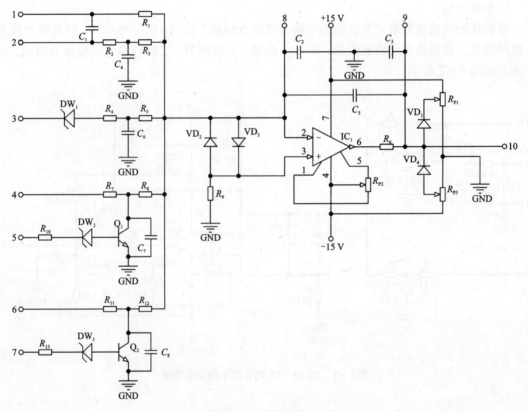

图 7–8　EZT3–15 调节器Ⅱ模块原理图

调节器Ⅱ与调节器Ⅰ相比，增加了几个输入端，其中"3"端用于接收推 β 信号，当主电路输出过流时，电流反馈与过流保护的"U_β"端输出一个推 β 信号（高电平），信号击穿稳压管，正电压信号输入运放的反向输入端，使调节器的输出电压下降，α 角向 180°方向移动，从而降低整流时的输出电压，保护主电路。"5、7"端预留出用于外接逻辑控制器的相应输出端，当高电平输入击穿稳压管时，三极管 Q_1、Q_2 导通，相应地，"4、6"端的输入电压信号对地短接。

2. 调试方法

（1）调零：把输入端"1~7"短接后接地，在"8、9"端间接 30 kΩ 电阻（从 EAZT3–19 可调电阻电容模块得到）构成比例调节器，用万用表的直流 mV 挡测量"10"端输出，调节调零电位器 R_{P2}，直至输出约为零。

（2）正负限幅值的整定：在"8、9"端串接 30 kΩ 电阻和可调电容（可调电容调至最大值）（从 EAZT3–19 可调电阻电容模块得到）构成比例积分调节器，在输入端"4"加一个 +3 V 给定电压，用万用表测量输出端"10"，调节 R_{P3} 电位器，将其值整定为 −6 V；在输入端"4"加一

个 −3 V 给定电压，调节 R_{P1} 电位器，将其值整定为 +6 V。

经过实验检测，调节器 I 和调节器 II 正负限幅的调节最好在完整的实验系统中进行，而不是单个模块进行调节。

七、EZT3 −17 电流反馈与过流保护模块

本模块的主要作用是检测主电源输出的电流反馈信号，并且当主电源输出的电流超过某一设定值时发出过流信号报警并切断控制屏的主电源。其原理图如图 7 −9 所示。

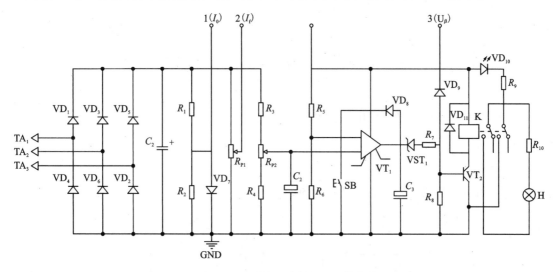

图 7 −9　EZT3 −17 电流反馈与过流保护模块原理图

TA_1、TA_2、TA_3 接连电流互感器模块的输出端，它的电压高低反映了三相主电路输出的电流大小，二极管 VD_9 阳极截取出零电流检测信号 I_0，预留出为检测模块使用。电位器 R_{P1} 滑动抽头端输出作为电流采样（反馈）信号，从 I_f 端输出。电流反馈系数由 R_{P1} 调节。R_{P2} 的滑动端与过流保护电路相连，调节 R_{P2} 可以调节过流保护的告警点。当告警时运放一个高电平信号从 U_β 端输出，作为推 β 信号供电流调节器（调节器 II）使用。

八、EZT3 −18 直流电压传感器模块

电压传感器的作用是为电压环提供电压反馈信号，它利用线性光偶隔离对输入的直流电压进行实时测量，并转换为适当电压值输出，通过调节 W_3 即可得到所需的电压反馈系数。其原理图如图 10 所示。

直流电压输入端电压不得超过 300 V，输出端直流电压的极性与输入电压的极性有关，即：当输入电压以上端为地时，输出电压以 −OUT 为地；当输入电压以下端为地时，输出电压以 +OUT 端为地。

整定电位器决定 W_3 电位器的调节上限。若调节 W_3 电位器调到底后仍不满足需要，则可以调节整定电位器。调零电位器的作用是平衡输入电压在极性不同时，输出电压的偏移值（例：输入 +200 V 与 −200 V 直流电压时，假定输出电压为 −5 V 与 +7 V，则可以通过调节调零电位器使之输出电压为 −6 V 与 +6 V）。

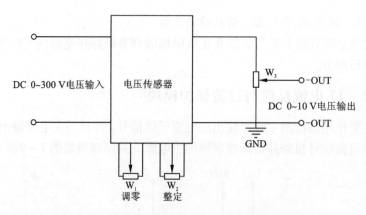

图 7-10　EZT3-18 直流电压传感器模块原理图

九、EZT3-19 可调电阻电容模块

本模块为调节器模块外接的电阻、电容。电阻阻值可在 0 ~ 999 kΩ 范围内调节(最小调节量为 1 kΩ),功率为 0.25 W。电容可在 5 个固定值间排列组合出数种数值。当全部开关拨到断开时,可调电容为开路状态。其原理图如图 7-11 所示。

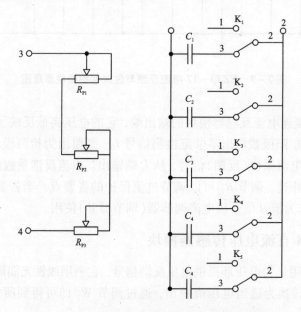

图 7-11　EZT3-19 可调电阻电容模块原理图

十、EZT3-20 TCA785 触发电路模块

1. 模块介绍

西门子 TCA785 集成电路的内部框图如图 7-12 所示。

集成块内部主要由"同步寄存器""基准电源""锯齿波形成电路""移相电压""锯齿波比较电路"和"逻辑控制功率放大"等功能块组成。

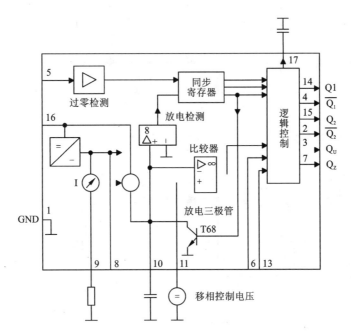

图 7 - 12　西门子 TCA785 集成电路内部框图

同步信号从 TCA785 集成电路的第 5 脚输入,在"过零检测"部分对同步电压信号进行检测,当检测到同步信号过零时,信号送"同步寄存器"。

"同步寄存器"输出控制锯齿波发生电路,锯齿波的斜率大小由第 9 脚外接电阻和 10 脚外接电容决定;输出脉冲的宽度由 12 脚外接电容的大小决定;14、15 脚输出对应负半周和正半周的触发脉冲,移相控制电压从 11 脚输入。

模块原理图如图 7 - 13 所示,同步信号由模块的 ax 端口输入(即图中的 AC15 V),移相电压由 Uct 端口(INPUT)输入,锯齿波的幅值由 R_{P1} 电位器调节,R_{P2}、R_{P3}、R_{P4} 电位器调节偏移电压与限定 α 角的移相范围。

2. 调试方法

(1)将 R_{P1} 电位器顺时针调到底,此时芯片 10 脚输出的锯齿波幅值应为最大,将 R_{P3}、R_{P4} 电位器调到底,使芯片 11 脚电压值最大。

(2)示波器的一路探头检测同步信号,另一路探头检测触发脉冲信号输出口 G_1K_1(需连接好晶闸管模块),调节 R_{P2} 电位器,使触发脉冲信号出现并处于 $\alpha = 180°$ 的位置。

(3)调节 R_{P3} 电位器,观测触发脉冲的可移相范围是否大于 175°,小于 175° 则调节 R_{P4} 电位器,必要时也可调节 R_{P2} 电位器,然后按照(2)重新整定。

十一、逻辑控制模块

1. 逻辑控制模块

逻辑控制用于逻辑无环流可逆直流调速系统,其作用是对转矩极性和主回路零电平信号进行逻辑运算,切换加于正桥或反桥晶闸管整流装置上的触发脉冲,以实现系统的无环流运行。其原理图如图 7 - 14 所示。其主要由逻辑判断电路、延时电路、逻辑保护电路、推β电路和功放电路等环节组成。

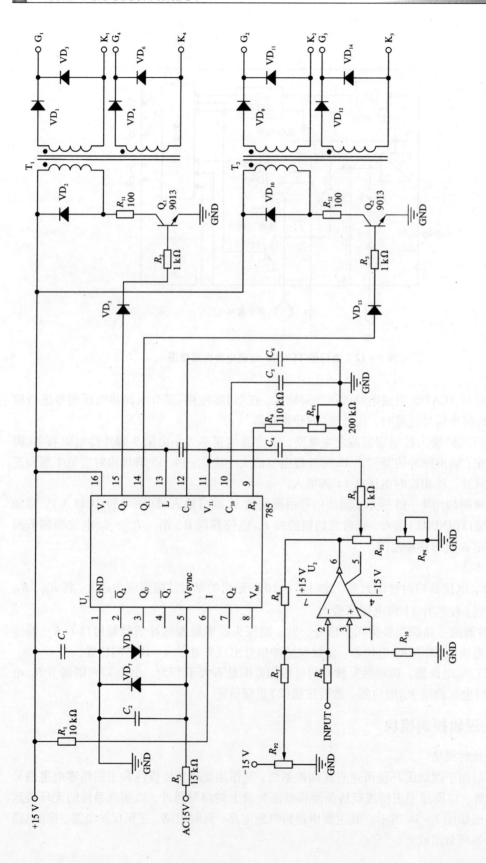

图7-13 EZT3-20 TCA785触发电路模块原理图

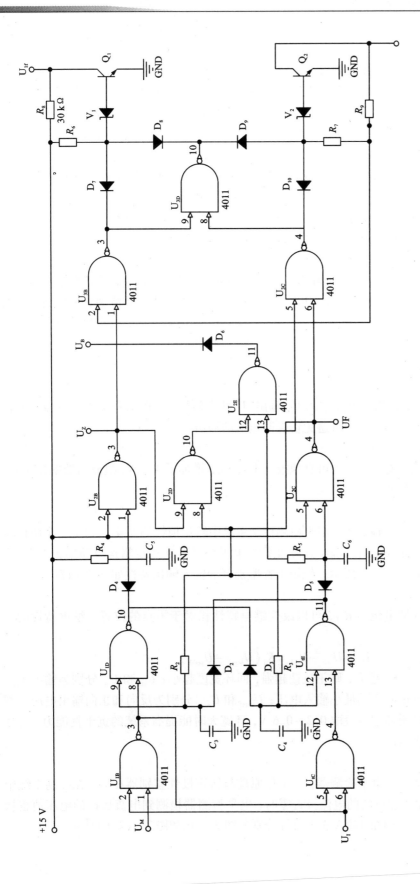

图7-14 逻辑控制器原理图

（1）逻辑判断环节

逻辑判断环节的任务是根据转矩极性鉴别和零电平检测的输出 U_M 和 U_I 状态，正确地判断晶闸管的触发脉冲是否需要进行切换（由 U_M 是否变换状态决定）及切换条件是否具备（由 U_I 是否从"0"变"1"决定）。即当 U_M 变号后，零电平检测到主电路电流过零（$U_I = "1"$）时，逻辑判断电路立即翻转，同时保证在任何时刻逻辑判断电路的输出 U_Z 和 U_F 状态都必须相反。

（2）延时环节

要使正、反两组整流装置安全、可靠地切换工作，必须在逻辑无环流系统中的逻辑判断电路发出切换指令 U_Z 或 U_F 后，经关断等待时间 t_1（约 3 ms）和触发等待时间 t_2（约 10 ms）之后才能执行切换指令，故须设置相应的延时电路，延时电路中的 VD_1、VD_2、C_1、C_2 起 t_1 的延时作用，VD_3、VD_4、C_3、C_4 起 t_2 的延时作用。

（3）逻辑保护环节

逻辑保护环节也称为"多一"保护环节。当逻辑电路发生故障时，U_Z、U_F 的输出同时为"1"状态，逻辑控制器的两个输出端 U_{lf} 和 U_{lr} 全为"0"状态，造成两组整流装置同时开放，引起短路和环流事故。加入逻辑保护环节后，当 U_Z、U_F 全为"1"状态时，逻辑保护环节输出 A 点（二极管 D_8 和 D_9 连接点）电位变为"0"，使 U_{lf} 和 U_{lr} 都为高电平，两组触发脉冲同时封锁，避免发生短路和环流事故。

（4）推 β 环节

在正、反桥切换时，逻辑控制器中的 U_{2E} 输出"1"状态信号，将此信号送入调节器 II 的输入端作为脉冲后推移 β 信号，从而可避免切换时电流的冲击。

（5）功放环节

由于与非门输出功率有限，为了可靠地推动 U_{lf}、U_{lr}，增加了 V_3、V_4 组成的功率放大级。

2. 转矩极性零电平模块

（1）转矩极性

转矩极性鉴别为一电平检测器，用于检测控制系统中转矩极性的变化。它是一个由比较器组成的模数转换器，可将控制系统中连续变化的电平信号转换成逻辑运算所需的"0""1"电平信号。其原理图如图 7-15 所示。转矩极性鉴别器的输入输出特性如图 7-17(a) 所示，具有继电特性。

调节运放同相输入端电位器 R_{P1}，可以改变继电特性相对于零点的位置。继电特性的回环宽度为：

$$U_k = U_{sr2} - U_{sr1} = K_1(U_{scm2} - U_{scm1})$$

式中：K_1 为正反馈系数，K_1 越大，则正反馈越强，回环宽度越小；U_{sr2} 和 U_{sr1} 分别为输出由正翻转到负及由负翻转到正所需的最小输入电压；U_{scm1} 和 U_{scm2} 分别为反向和正向输出电压。逻辑控制系统中的电平检测环宽一般取 0.2~0.6 V，环宽大时能提高系统的抗干扰能力，但环宽太大又会使系统动作迟钝。

（2）零电平

零电平检测器也是一个电平检测器，其工作原理与转矩极性鉴别器相同，在控制系统中进行零电流检测，当输出主电路的电流接近零时，电平检测器检测到电流反馈的电压值也接近零，输出高电平。其原理图和输入输出特性分别如图 7-16 和图 7-17(b) 所示。

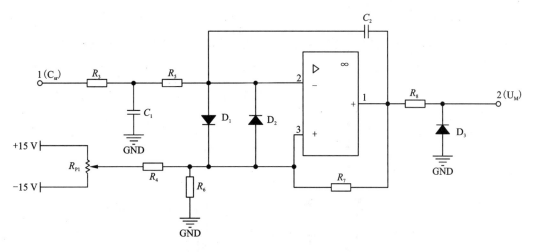

图 7-15 转矩极性鉴别原理图

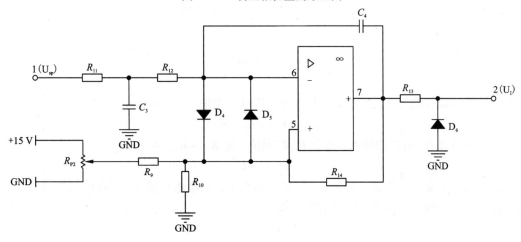

图 7-16 零电平检测器原理

注意: 零电平检测的坐标零点 U_{sr} 不一定代表 0 V, 而是表示在接线完整的情况下, 可以在电机开环实验情况下, 给定为零时, 电流反馈端口 I_0 端口输出给零电平检测的电压, 一般为 0.3 V 左右。

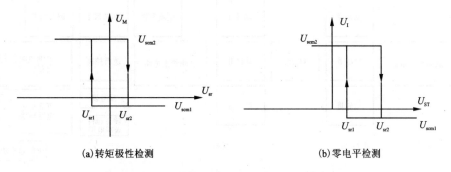

(a)转矩极性检测   (b)零电平检测

图 17 转矩极性鉴别及零电平检测输入输出特性

3.反号器模块

反号器由运算放大器及相关电阻组成，主要用于调速系统中信号需要倒相的场合，其原理图如图 7 - 18 所示。

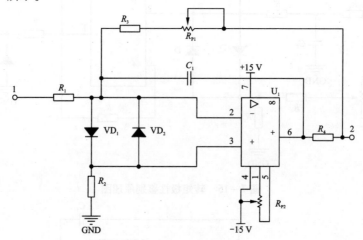

图 18　反号器原理图

反号器的输入信号 U_1 由运算放大器的反相输入端输入，故输出电压 U_2 为：

$$U_2 = -(R_{P1} + R_3)/R_1 \times U_1$$

调节电位器 R_{P1} 的滑动触点，改变 R_{P1} 的阻值，使 $R_{P1} + R_3 = R_1$，则：

$$U_2 = -U_1$$

输入与输出成倒相关系。电位器 R_{P1} 装在面板上，调零电位器 R_{P2} 装在内部线路板上(在出厂前我们已经将运放调零，用户不需调零)。

7.4　实验模块总体布局参考图

为防止胡乱摆放模块而造成接线紊乱，特提供模块的总体布局图，老师学生在做实验时可按照布局图进行模块的布局，如图 7 - 19 所示。

图 7 - 19　实验模块总体布局一览图

第 8 章

电力电子实验

8.1 知识要点

8.1.1 晶闸管的工作原理及特性

晶闸管(简称 SCR)就是用很少的功率控制大功率的可控整流元件,要使晶闸管导通,必须在其阳极和门极(控制极)同时加一定的正向电压,晶闸管导通后,门极(控制极)就失去了作用;使晶闸管导通的门极正向控制信号电压一般为正向脉冲电压,称为触发电压或触发脉冲。要使晶闸管恢复阻断状态,则必须把阳极正向电压降低到一定值(断开或反向)。晶闸管的伏安特性曲线是非线性的,为了正确地选用晶闸管,了解它的主要参数非常重要。

晶闸管的主要参数有:通态平均电流 $I_T(A)$、断态重复峰值电压 $U_{DRM}(V)$、反向重复峰值电压 $U_{RRM}(V)$、断态重复峰值电流 $I_{DRM}(mA)$、反向重复峰值电流 $I_{RRM}(mA)$、维持电流 I_H (mA)、通态峰值电压 $U_{TM}(V)$、工作结温 T_j、断态电压临界上升率 $\dfrac{du}{dt}\left(\dfrac{V}{\mu s}\right)$、通态电流临界上升率 $\dfrac{di}{dt}\left(\dfrac{A}{\mu s}\right)$ 和浪涌电流 $I_{TSM}(kA)$。晶闸管的门极参数也要了解(见教材)。

8.1.2 各种晶闸管可控整流电路的性能比较与选用

由晶闸管构成的可控整流电路可以把交流电变成大小可调的直流电。晶闸管可控电路的共同特点是通过改变控制角 α 来改变晶闸管的导通角 θ,以达到改变直流输出电压的目的。

但是,对于不同的整流电路、不同的控制角和不同性质的负载,这种变换具有不同的特点和指标。各种整流电路的性能比较见附件3(如表2.1所示)。

从表2.1可以看出,单相半波整流电路最简单,但各项指标都较差,只适用于小功率和对输出电压波形要求不高的场合。

单相桥式整流电路各项性能较好,只是电压脉动频率大,故最适合用于小功率电路。

单相全波整流电路由于元件所承受的峰值电压较高,又需要采用带中心抽头的变压器,结构较复杂,所以较少使用。

晶闸管在直流负载侧的单相桥式电路,各项性能较好,只用一只晶闸管,接线简单,一般用于小功率的反电势负载。

三相半波可控整流电路各项指标都一般，但因元件承受峰值电压较大，所以用得不多。

三相桥式可控整流电路各项指标都好，在输出电压一定的情况下，元件承受的峰值电压最低，因此，最适合用于大功率高压电路。

综上，一般的小功率电路应优先选用单相桥式电路，而大功率电路则优先选用三相桥式电路。只有在某些特殊情况下，才选用其他电路。如负载要求功率很小，各项指标要求不高，则可采用单相半波整流电路。

至于桥式电路是选用半控桥还是全控桥，要根据电路的要求而定。如果要求电路不仅能工作于整流状态，而且还能工作于逆变状态，则选用全控桥；对于直流电动机负载，一般采用全控桥；对于一般要求不高的负载，可采用半控桥。

以上提出的仅是选用整流电路的一般原理，具体选用时，应根据负载的性质、容量的大小、电源情况、元件的准备情况等进行具体分析和比较，全面衡量后果再确定。

8.1.3　晶闸管可控整流电路中晶闸管额定通态平均电流 $I_\text{T}(\text{A})$ 的选择

由式 $I_\text{e} = K I_\text{d} = 1.57 I_\text{T}$，可知 $I_\text{T} = \dfrac{K I_\text{d}}{1.57} = \dfrac{I_\text{e}}{1.57}$，但由于通过晶闸管的电流波形，在各种不同的整流电路、不同性质的负载和不同的导通角 θ 中是不一样的，所以波形系数 K 也不同，见表 8 – 1 和表 8 – 2。表中的 m 为并联支路数。

表 8 – 1　不同电路 $\alpha = 0$ 时的 K 值

电路形式	单相半波	单相半波		单相桥式		三相半波	三相桥式
		用两只 SCR	用一只 SCR	用两只或四只 SCR	用一只 SCR		
K	1.57	1.57	1.11	1.57	1.11	1.73	1.73
m	1	2	1	2	1	3	3

表 8 – 2　单相(半波、全波、桥式)电路纯电阻负载在不同 $\alpha(\theta = \pi - \alpha)$ 时的 K 值

控制角 $\alpha/(°)$	0	30	60	90	120	150	180
波形系数 K	1.57	1.66	1.88	2.22	2.78	3.99	—

例如，在单相半波整流电路中，当负载为纯电阻时，输出电压(负载上的电压)的平均值为：

$$U_\text{d} = \frac{1}{2\pi} \int_\alpha^\pi (\sqrt{2} U_2 \sin\omega t)\, \mathrm{d}(\omega t) = 0.45 U_2 \frac{1 + \cos\alpha}{2}$$

输出电压的有效值为：

$$U_\text{e} = \sqrt{\frac{1}{2\pi} \int_\alpha^\pi (\sqrt{2} U_2 \sin\omega t)^2\, \mathrm{d}(\omega t)}$$

$$= U_2\sqrt{\frac{1}{4\pi}sin2\alpha + \frac{\pi - \alpha}{2\pi}}$$

通过晶闸管的电流(负载电流)的平均值为:

$$I_d = \frac{U_d}{R} = 0.45\frac{U_2}{R}\frac{1 + cos\alpha}{2}$$

通过晶闸管的电流(负载电流)的有效值为:

$$I_e = \frac{U_e}{R} = \frac{U_2}{R}\sqrt{\frac{1}{4\pi}sin2\alpha + \frac{\pi - \alpha}{2\pi}}$$

波形系数 K 为:

$$K = \frac{I_e}{I_d} = \left(\frac{U_2}{R}\sqrt{\frac{1}{4\pi}sin2\alpha + \frac{\pi - \alpha}{2\pi}}\right)\Big/\left(0.45\frac{U_2}{R}\frac{1 + cos\alpha}{2}\right)$$

$$= \left(\sqrt{\frac{1}{4\pi}sin2\alpha + \frac{\pi - \alpha}{2\pi}}\right)\Big/\left(0.45\frac{U_2}{R}\frac{1 + cos\alpha}{2}\right) \tag{8.1}$$

当 $\alpha = 0°$ 时, $K = 1.57$;当 $\alpha = \frac{\pi}{6} = 30°$ 时, $K = 1.66$ 。

注意:式(8.1)中 $\frac{\pi - \alpha}{2\pi}$ 的 α 要用弧度表示, $\alpha = 30°$ 化成弧度为 $\frac{\pi}{6} = 0.523$ 。

对一个晶闸管而言,在纯电阻负载情况下,式(8.1)也适用于单相全波(用两只 SCR)、单相桥式(用两只或四只 SCR)电路。在电感负载或电动机负载情况下,由于电流的连续性,按等效发热(有效值)选元件,故电流的波形系数 K 要略小一些。

三相(半波、桥式)电路电感负载或电动机负载情况下,由于电流的连续性,每个晶闸管元件的导通角总是 $\theta = \frac{2\pi}{3} = 120°$,而与控制角 α 无关,所以电流波形系数 K 是相同的。而在纯电阻负载情况下,电流的波形系数 K 则与控制角 α 有关。

总之,一般对各种晶闸管可控整流电路,每个晶闸管元件所允许通过的电流平均值均为:

$$I_T' = \frac{I_d}{1.57\ m} \tag{8.2}$$

式中: I_d 为最大负载电流(平均电流)。 I_d 是晶闸管电路的输出电压 U_d (平均值)处出来的电流,或是负载所要求的直流电流 I (对有续流二极管的电路,还要减去通过续流二极管的平均电流)。

8.1.4 逆变器

逆变器的工作是整流器工作的逆过程,它是把直流电变成交流电。逆变器分为有源逆变器和无源逆变器,有源逆变器主要用于直流电动机的可逆调速等场合;无源逆变器则通常被用作变频器,主要用于电动机变频调速系统。为了实现既可调频又可调压的目的,逆变器必须进行电压控制,控制电压可以从逆变器的外部或内部进行,改变直流输入电压是从外部进行的控制,而脉宽控制和脉宽调则是从逆变器的内部进行的控制。在逆变器中,为了能使晶闸管关断,一般都会设置专门环节进行强迫关断和换流。

8.1.5　晶闸管的触发电路

触发电路是供给晶闸管所需触发电压之用，为了保证触发可靠，对触发电路的主要求是：脉冲幅度要足够大且有一定的脉宽，脉冲前沿要足够陡且有一定的触发功率，移相范围要足够宽且与主电源同步等。

触发电路的种类很多，各种触发器一般都是由同步波形产生、移相控制与脉冲形成三个环节组成。目前用得最多的是集成触发电路，如 TC7805 芯片等。

8.1.6　晶闸管的串、并联与保护

为了满足大容量生产机械拖动控制的要求，晶闸管要进行串、并联应用。为克服晶闸管性能参数分散性对串、并联应用的影响，必须采取均流、均压措施，过载能力较差是晶闸管的缺点，短时间的过电压和过电流均会使晶闸管损坏，所以，具体使用时除了要在选择晶闸管时考虑一定的安全系数外，还必须针对过电压和过电流发生的原因，采取适当的过压、过流保护。

过电压产生的原因一般有：交流电源接通、断开产生的过电压；直流侧产生的过电压，晶闸管关断产生的过电压。

抑制过电压的方法一般有：阻容吸收回路；由硒堆及压敏电阻等非线性元件组成的吸收电路。

过电流产生的原因一般有：生产机械过载；晶闸管装置直流侧断路；可逆系统中产生环流和逆变失败；晶闸管损坏；触发电路和控制系统故障。

抑制过电流的方法一般有：

(1)限流控制保护：用电流检测装置得到电流信号，当电流超过五定值时，限流控制起作用，将控制角 α 增大，以减小输出整流电压，或干脆封锁触发电路，使晶闸管不工作。常用的限流控制保护有电流调节器、电流截止、脉冲封锁、拉 β 角保护等多种方法。

(2)用过流继电器或直流快速开关保护。

(3)快速熔断器保护。

8.1.7　斩波器

直流斩波器是将负载与电源接通继而又断开的一种"通 – 断"开关。它能从固定输入的直流电压产生经过斩波的负载电压，所以又称直流/直流（DC/DC）变换器。实现直流/直流变换有两种基本电路：Buck 降压电路和 Boost 升压电路。

降压斩波器输出电压（负载两端的电压平均值）：

$$U_{\mathrm{d}} = \frac{t_{\mathrm{on}}}{t_{\mathrm{on}} + t_{\mathrm{off}}} U_{\mathrm{s}} = \frac{t_{\mathrm{on}}}{T} U_{\mathrm{s}} = \alpha U_{\mathrm{s}} \tag{2.3}$$

$$\alpha = \frac{t_{\mathrm{on}}}{T} \tag{2.4}$$

式中：α 为占空比。

负载电压的大小受斩波器占空比 α 的控制。变更 α 有两种方法：一种是脉冲宽度调制（PWM），即保持斩波频率 $f = \frac{1}{T}$ 不变，只改变导通时间 t_{on}；另一种是频率调制，即保持导通

时间 t_{on} 或 t_{off} 不变,只改变斩波周期 T(即斩波频率 f)。一般常用 PWM 方法。

升压斩波器输出电压:

$$U_d = \frac{t_{on} + t_{off}}{t_{off}} U_s = \frac{T}{T - t_{on}} U_s = \frac{T}{1 - \alpha} U_s \qquad (2.5)$$

当 α 在 $0 \sim 1$ 内变化时,电压 U_d 的变化范围为 $U_s < U_d < \infty$,直流电动机的再生制动就是利用了这一工作原理(这时的 U_s 表示直流电动机的电枢,U_d 代表直流电源,通过适当调节占空比 α 即可把电能从下降中的电动势 E_D 回馈到固定的电源电压 U_d 里去)。

将 Buck 电路与 Boost 电路串联成两级,就构成了 Buck-Boost 降、升压电路和 Boost-Buck 升、降压电路以及 Cuk 电路。

用晶闸管作为开关的斩波器,由于晶闸管无自关断能力,它在直流回路里工作时,必须有一套使其关断的换相(流)电路。

晶闸管的换流方式有电源换流、负载换流和强迫换流。根据换相电路工作方式的不同,晶闸管斩波器有电压换相等多种电路。电路中换流元件 L 和 C 参数的选择要能确保晶闸管可靠地关断,安全地换流。

采用具有自关断能力的全控型器件作为斩波器开关,从根本上去除了换流回路,使斩波器的体积和重量大大减少。由高频、全控型电力电子器件构成的直流脉冲宽度调制(PWM)变换器是今后的发展方向。

直流 PWM 变换器分为不可逆和可逆两大类。前者只能输出一种极性的电压,而后者可输出正或负极性的电压。选择何种类型的 PWM 变换器要视负载的要求而定。

PWM 变换器的控制电路一般由产生调制信号的振荡器、电压 – 脉冲变换器与分配器以及功率变换电路中开关管的驱动保护电路组成。控制电路今后的发展方向是以微处理器为中核心的数字控制器。

8.1.8 AC/AC 变换器

能把一种交流电能变换为另一种交流电能的转换电路,根据转换参数的不同分为电压和频率变换电路两类,前者叫交流电压调整器,后者叫周波变换器。

晶闸管交流调压器通常采用相控方式。交流电实际上由两个半周组成,所以,只要把两只晶闸管反并联后串接在交流回路中,控制正反两只晶闸管的导通时间就可以实现交流调压,这是交流调压电路的基本原理。

交流调压器有电阻性负载和电感性负载两种情况,分析其过程。

周波变换器能把固定频率的交流电变成频率可变的交流电,了解周波变换器的工作原理。

8.2 基本要求

(1)掌握晶闸管的基本工作原理、特性和主要参数的含义。

(2)掌握几种单相和三相基本可控整流电路的工作原理及其特点(特别在不同性质负载下的工作特点)以及波形分析方法,确定电路的数量关系。

(3)掌握逆变器的基本工作原理、用途和控制。

（4）了解晶闸管工作时对触发电路的要求和触发电路的基本工作原理。

（5）掌握斩波器的工作原理，基本的和组成后的电路形式、特点及应用场合。

（6）掌握 AC/AC 变换器的基本原理。

8.3　重点难点

1. 重点

（1）晶闸管的导通与关断条件、可控性。

（2）晶闸管单相和三相基本可控整流电路在不同性质负载下的工作特点，波形分析的方法和电路的数量关系。

（3）晶闸管额定通态平均电流 I_T 的含义及基本可控整流电路中 I_T 的选择和额定电压的选择。

（4）斩波器工作原理，组合电路形式与特点。

2. 难点

（1）整流电路接电感性负载、电动势负载时的工作情况。

（2）额定通态平均电流 I_T 的选择。

（3）逆变器的工作原理。

8.4　实验内容与能力考察范围

实验二十三　单相半波可控整流电路实验

一、实验目的

（1）掌握 TCA785 电路的调试步骤和方法。

（2）掌握单相半波可控整流电路在电阻负载及电阻电感性负载时的工作状态。

二、实验所需挂件及附件（见表 8 - 3）

表 8 - 3　实验所需挂件及附件

序号	型　号	名　称	数量
1	THMDK - 3	控制屏	1 套
2	EZT3 - 20	TCA785 触发电路模块	1 块
3	MDK - 08	低压直流电源及给定组件	1 组
4	MDK - 66	单相同步变压器模块	1 块
5	MDK - 62	晶闸管主电路模块	1 块
6		双踪示波器	1 台

三、实验线路及原理

单相半波可控整流电路接单相可调电阻箱作为电阻性负载,实验接线图如图8-1所示。

四、实验内容

(1)TCA785集成移相触发电路的调试。

(2)单相半波整流电路带电阻性负载时 $U_d/U_2 = f(\alpha)$ 特性的测定。

五、预习要求

阅读有关TCA785触发电路的内容,弄清触发电路的工作原理。

六、思考题

(1)TCA785触发电路有哪些特点?

(2)TCA785触发电路的移相范围和脉冲宽度与哪些参数有关?

七、实验方法

(1)断开漏电保护器。从单相固定交流电源220 V引线接入挂箱MDK-08和所需仪表挂件,按照图8-1进行接线。

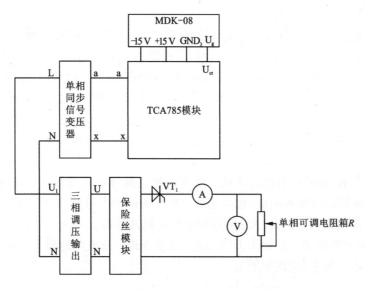

图8-1 单相半波可控整流电路实验接线图

(2)合上漏电保护器。将MDK-08上给定拨到正给定,将给定电压调到零。用双踪示波器一路探头观察单相同步信号变压器模块ax两点之间的波形,用另外一路探头观察785模块上 G_1 和 K_1 两点之间的波形。调节785模块上 R_{P2} 电位器,使给定0 V时,脉冲在 $\alpha=180°$ 位置。增加给定时, α 减小。785模块的具体调试方法参考1.3模块功能介绍785触发电路部分。

（3）按下启动按钮，将调压器输出端 UN 调至 220 V，调节 R_{P2}，使给定 0 V 时，输出电压也为 0 V。

（4）缓慢增加给定，观察 $\alpha = 30°$、$60°$、$90°$、$120°$、$150°$时整流输出电压 U_d 和晶闸管两端电压 U_{VT} 的波形，并测量直流输出电压 U_d 和电源电压 U_2，将数据记录于表 8－4 中。［公式：$U_d = 0.45U_2(1 + \cos U)/2$］

表 8－4　数据记录表

$\alpha/(°)$	30	60	90	120	150
U_2/V					
U_d（记录值）/V					
$U_d/U_2/V$					
U_d（计算值）/V					

八、实验报告

（1）整理、描绘实验中记录的各点波形，并标出其幅值和宽度。

（2）讨论、分析实验中出现的各种现象。

九、注意事项

（1）双踪示波器有两个探头，可同时观测两路信号，但这两探头的地线都与示波器的外壳相连，所以两个探头的地线不能同时接在同一电路不同电位的两个点上，否则这两点会通过示波器外壳发生电气短路。因此，为了保证测量的顺利进行，可将其中一根探头的地线取下或外包绝缘，而只使用其中一路的地线，这样就从根本上解决了这个问题。当需要同时观察两个信号时，必须在被测电路上找到这两个信号的公共点，将探头的地线短路接于此处，然后将探头各接至被测信号，只有这样才能在示波器上同时观察到两个信号，而不发生意外。

（2）由于"G""K"输出端有电容影响，故观察触发脉冲电压波形时，需将输出端"G"和"K"分别接到晶闸管的门极和阴极（也可用约 100 Ω 阻值的电阻接到"G""K"两端，来模拟晶闸管门极与阴极的阻值），否则，无法观察到正确的脉冲波形。

（3）警告：示波器电源三芯插头上端的地接头要折断，变成两芯插头，否则，测量同步信号 LN 两端波形时，控制屏会跳闸断电。

实验二十四　三相脉冲触发电路实验

一、实验目的

（1）加深理解 TC787 集成同步移相触发电路的工作原理及各元件的作用。

（2）掌握西门子的 TC787 集成同步移相触发电路的调试方法。

二、实验所需挂件及附件(见表8-5)

表8-5 实验所需挂件及附件

序号	型 号	名 称	数 量	单位
1	THMDK-3	电源控制屏	1	套
2	EZT3-20	TC787触发电路模块	1	块
3	MDK-08	低压直流电源及给定组件	1	组
4		双踪示波器	1	台

三、实验线路及原理

TC787的原理、实验线路与调试方法参考7.3节TC787模块功能介绍,这里不再赘述。

四、实验内容

(1)TC787集成移相触发电路的调试。
(2)TC787集成移相触发电路各点波形的观察和分析。

五、预习要求

阅读有关TC787触发电路的内容,弄清楚触发电路的工作原理。

六、思考题

(1)TC787触发电路有哪些特点?
(2)TC787触发电路的移相范围和脉冲宽度与哪些参数有关?

七、实验方法

(1)实验接线原理图参考TC787触发电路模块介绍部分。将所需实验模块按顺序摆放在实验平台上。THMDK-3主电源控制屏上有单相固定交流电源220 V,用两根实验导线引出接到MDK-08组件上。关闭MDK-08上电源开关,从MDK-08挂箱上用实验导线引出一组+15 V、GND3、-15 V电源接到"TC787触发电路模块"上。从主电源端可调端UVW引出实验导线对应接到三相整流变压器端ABC,铝面板"三相同步信号"端口a、b、c对应接到TC787的同步信号端。从MDK-08挂箱"给定"电压U_g引线一根到"TC787触发电路模块"端口Uct。打开MDK-08上电源开关,按下"启动"按钮,这时TC787触发脉冲电路开始工作。

(2)将电位器R_{Pa1}、R_{Pb1}、R_{Pc1}逆时针调到底,用双踪示波器观测A、B、C三相锯齿波观测孔,用一路探头观测同步信号,用另一路探头观测锯齿波波形(示波器探头地线一端接TC787模块端口GND),其中a、b、c三路同步信号中,a对应A相锯齿波,b对应B相锯齿波,c对应C相锯齿波。所测波形如图8-2所示。

(3)顺时针调节R_{P2}到底,调节R_{P3},使TP₁点电压达到最低,然后用一路探头观测同步信号 A，用另一路探头观测点 VT_1，调节 R_{P1} 电位器，使触发信号出现在同步信号的 150°位置（即 $\alpha = 120°$）。此时观测 VT_1、VT_2、VT_3、VT_4、VT_5、VT_6 六路观测孔波形，将 $VT_1 \sim VT_6$ 依次增加 60°，调节 R_{P2}，观测每路脉冲的可移相范围是否大于 120°，小于 120°则调节 R_{P3} 电位器，必要时也可调节 R_{P1} 电位器，同步信号与双列脉冲触发关系应满足图 8-2（将拨动开关拨到正常工作侧，有脉冲输出；拨到封锁输出侧，则无脉冲；将拨动开关由双列脉冲拨到单列脉冲时，则双列脉冲由双窄脉冲变为单窄脉冲）。

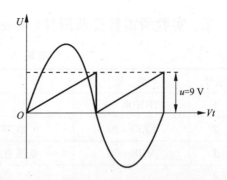

图 8-2　各相锯齿波与同步信号的相位关系

（4）若在双窄脉冲状态时，双窄脉冲宽度不满足 60°，则微调 R_{Pa1}、R_{Pb1}、R_{Pc1} 电位器，保证双窄脉冲宽度至少为 60°，然后重复（3）调试过程。否则无法做出三相全控实验。

①同时观察同步电压和"1"点的电压波形，了解"1"点波形形成的原因。

②观察输出脉冲 VT_1、VT_2、VT_3、VT_4、VT_5、VT_6 的波形，记下各波形的幅值与宽度。

（5）调节触发脉冲的移相范围。

调节移相电位器 R_{P2}，用示波器观察同步电压信号和 VT_1 点的波形（一路探头观测端口 a，另一路探头观测端口 VT_1。探头底线接 TC787 触发电路模块端口 n 或者端口 GND），观察和记录触发脉冲的移相范围。

（6）调节电位器 R_{P2}，使 $\alpha = 60°$，观察并记录端口 a、测试点 1、A 相锯齿波、端口 VT_1 及端口 VT_1 脉冲电压的波形，标出其幅值与宽度，并记录在表 8-6 中（可在示波器上直接读出，读数时应将示波器的"V/DIV"和"t/DIV"微调旋钮旋到校准位置）。

表 8-6　数据记录表

项目	U_1	U_2	U_3	U_4
幅值/V				
宽度/ms				

八、实验报告

（1）整理、描绘实验中记录的各点波形，并标出其幅值和宽度。

（2）讨论、分析实验中出现的各种现象。

九、注意事项

（1）参考"实验二十三"的注意事项。

（2）MDK-08 挂箱的 GND_1 与 GND_3 短接。

实验二十五　三相半波可控整流电路实验

一、实验目的

了解三相半波可控整流电路的工作原理，研究可控整流电路在电阻负载和电阻电感性负载时的工作情况。

二、实验所需挂件及附件(见表 8 - 7)

表 8 - 7　实验所需挂件及附件

序号	型　号	名称	数量	单位
1	THMDK - 3	电源控制屏	1	套
2	MDK - 62	晶闸管主电路模块	1	块
3	EZT3 - 11	功放电路模块Ⅰ	1	块
4	EZT3 - 12	功放电路模块Ⅱ	1	块
5	EZT3 - 13	功放电路模块Ⅲ	1	块
6	MDK - 31	直流仪表组件	1	套
7	EZT3 - 20	TC787 触发电路模块	1	块
8	MDK - 08	低压直流电源及给定组件	1	组
9	EZT3 - 33	保险丝模块	1	块
10		单相可调电阻箱	1	台
11		双踪示波器	1	台
12		万用表	1	只

三、实验线路及原理

三相半波可控整流电路用了三只晶闸管，与单相电路比较，其输出电压脉冲小，输出功率大。不足之处是晶闸管电流，即变压器的副边电流在一个周期内只有 1/3 时间有电流流过，变压器利用率较低。晶闸管用 MDK - 62 中的 VT_1、VT_3、VT_5，电阻 R 用单相可调电阻箱，将阻值调至最大位置，其三相触发信号由控制屏面板上的"三相同步信号"提供，直流电压、电流表由 MDK - 31 直流仪表组件获得。三相芯式变压器用作升压变压器，采用 Y/Y - 12 接法。实验原理图见图 8 - 3，实验所需模块见图 8 - 4

四、实验内容

(1)研究三相半波可控整流电路带电阻性负载。
(2)研究三相半波可控整流电路带电阻电感性负载。

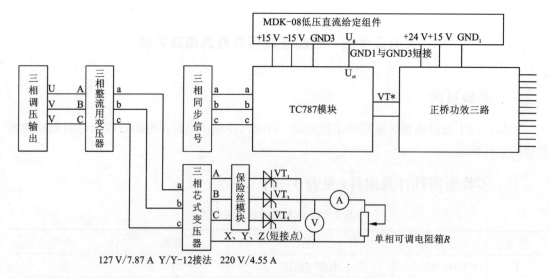

图 8-3　三相半波可控整流电路实验原理图

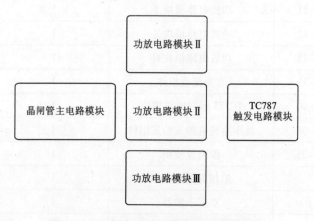

图 8-4　三相半波可控整流实验所需模块

五、预习要求

阅读电力电子技术教材中有关三相半波整流电路的内容。

六、思考题

(1)如何确定三相触发脉冲的相序? 主电路输出的三相相序能任意改变吗?

(2)根据所用晶闸管的定额,如何确定整流电路的最大输出电流?

七、实验方法

(1)断开漏电保护器,将三相调压器旋转至 0,关闭 MDK-08 上的电源开关。将 GND_1 与 GND_3 短接。三路功放的相同端口进行短接,TC787 的六路脉冲 VT * 分别与功放进行对接。从 MDK-08 上引出一路低压电源 +24 V、+15 V,GND_1 去功放,引出另一路电源 +15 V、-15 V,GND_3 去 TC787。功放的 U_{1f} 端口暂不接 GND,保持功放处于“不工作状态”。

（2）按照三相半波可控整流电路对晶闸管主电路进行接线。将晶闸管主电路的 K_1、K_3、K_5 短接，功放电路的 K_1、K_3、K_5 短接，两者再用一根线短接在一起。将晶闸管主电路的 G_1、G_3、G_5 与功放电路进行一一对接。

（3）三相电经"三相调压器"可调端到"三相整流用变压器"输入端 A、B、C，再从"三相整流用变压器"输出端 a、b、c 到三相芯式变压器的 a、b、c。三相芯式变压器 x、y、z 端口短接，X、Y、Z 短接。三相芯式变压器 A、B、C 经过"保险丝模块"对接到晶闸管主电路模块中间强电柱的黄绿红，K_1、K_3、K_5 短接点作为晶闸管主电路模块正极，三相芯式变压器 X、Y、Z 短接点作为晶闸管主电路模块负极，串接直流电流表和可调电阻箱。

（4）将三相同步信号对接到 TC787 模块，将 MDK-08 挂箱的 U_g 接到 TC787 模块的 U_{ct} 端口。将纽子开关拨到正给定，运行。并将 R_{P1} 逆时针旋转到底，将直流电压表并联在晶闸管主电路模块正极和负极两端。

（5）从"单相固定交流电源 220 V"引线给 MDK-08、仪表挂箱等供电。

（6）检查接线无误后，打开 MDK-08 上的电源开关，按下启动按钮。调压器调节到指针表显示的 150 V 位置。由于功放 U_{lf} 端口暂不接 GND，处于"不工作状态"，所以要先检查 TC787 的好坏，检查三相同步信号相序是否正确，幅值是否相等，然后稍微增加给定，可在测量端观察到很好的 VT^* 双脉冲波形，一共六路（若是没有，可测量 TC787 上的锯齿波是否完好，若锯齿波缺失，则可能是芯片损坏）。

（7）断开电源，将功放 U_{lf} 端口接 GND，再次按下启动按钮，此时功放处于工作状态，用示波器观察三相半波可控整流电路输出的正极（K_1、K_3、K_5 短接点）和负极（三相芯式变压器 X、Y、Z 短接点），增加给定，直流电压表到刚刚最大电压值，示波器显示最大电压值波形。若不是给定 6 V 时，直流电压表到刚刚最大电压值，则需要按以下步骤调节 TC787：

①将 R_{P2} 顺时针旋转到底；

②然后调节 R_{P1}，使给定 6 V 时，直流电压表到刚刚最大电压值，示波器显示最大电压值波形；

③然后给定 0 V，逆时针微调 R_{P2}，使给定 0 V 时，晶闸管输出电压刚刚为 -0 V；

④然后再验证②，如果不是，则再微调 R_{P1}，使给定 6 V 时，直流电压表到刚刚最大电压值，示波器显示最大电压值波形。

（8）三相半波可控整流电路带电阻性负载。

MDK-08 上的"给定"从零开始，慢慢增加移相电压，使 α 角在 30° 到 150° 范围内调节，用示波器观察并纪录三相电路中 α = 30°、60°、90°、120°、150° 时整流输出电压 U_d 和晶闸管两端电压 U_{VT} 的波形，并记录相应的电源电压 U_2 及 U_d 的数值于表 8-8 中。

表 8-8　数据记录表

$\alpha/(°)$	30	60	90	120	150
U_2/V					
U_d（记录值）/V					
$U_d/U_2/V$					
U_d（计算值）/V					

计算公式为：

$$U_d = 1.17U_2\cos\alpha(0\sim30°)$$

$$U_d = 0.675U_2\left[1 + \cos\left(a + \frac{\pi}{6}\right)\right] \quad (30°\sim150°)$$

（3）三相半波整流带电阻电感性负载。

将控制屏上200 mH的电抗器与负载电阻 R 串联后接入主电路，观察不同移相角 α 时 U_d、I_d 的输出波形，并记录相应的电源电压 U_2、U_d、I_d 值于表8–9中，画出 $\alpha = 90°$ 时的 U_d 及 I_d 波形图。

表8–9　数据记录表

$\alpha/(°)$	30	60	90	120
U_2/V				
U_d（记录值）/V				
$U_d/U_2/V$				
U_d（计算值）/V				

八、实验报告

绘出当 $\alpha = 90°$ 时，三相半波可控整流电路供电给电阻性负载、电阻电感性负载时的 U_d 及 I_d 的波形图，并进行分析讨论。

九、注意事项

（1）参考"实验二十三"的注意事项。

（2）整流电路与三相电源连接时，一定要注意相序对应。

（3）MDK–08挂箱的 GND_1 与 GND_3 短接。

实验二十六　三相半波有源逆变电路实验

一、实验目的

研究三相半波有源逆变电路的工作，验证可控整流电路在有源逆变时的工作条件，并比较与整流工作时的区别。

二、实验所需挂件及附件（见表8–10）

表8–10　实验所需挂件及附件

序号	型号	名称	数量	单位
1	THMDK–3	电源控制屏	1	套
2	MDK–31	直流仪表组件	1	套
3	MDK–62	晶闸管主电路模块	1	块

续表 8 – 10

序号	型号	名称	数量	单位
4	EZT3 – 11	功放电路模块Ⅰ	1	块
5	EZT3 – 12	功放电路模块Ⅱ	1	块
6	EZT3 – 13	功放电路模块Ⅲ	1	块
7	EZT3 – 20	TC787 触发电路模块	1	块
8	MDK – 08	低压直流电源及给定组件	1	组
9		单相可调电阻箱	1	台
10		双踪示波器	1	台
11		万用表	1	只

三、实验线路及原理

三相半波有源逆变电路实验原理图见图 8 – 5，其工作原理详见《电力电子技术》教材中的有关内容。

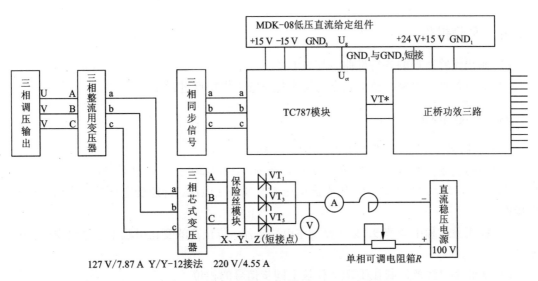

图 8 – 5　三相半波有源逆变电路实验原理图

模块布局参考图 7 – 19。

晶闸管选用 MDK – 62，电感用控制屏上的 $L_d = 200$ mH，电阻 R 选用单相可调电阻箱，使用前将阻值调至最大位置，直流电源用控制屏上的直流稳压电源（调节到 100 V），三相芯式变压器采用 Y/Y – 12 接法，用作升压变压器。直流电压、电流表均在 MDK – 31 挂件上。为各个模块供电的低压直流电源和给定从 MDK – 08 上面选取。

详细接线图见附件 2 的图册。

四、实验方法

(1)参考"实验二十五",做出三相半波整流实验。

记录下 $\alpha = 90°$ 时,三相半波整流的输出电压值,并将图中的直流稳压电源调节到与之相等。按下停止按钮,给定退到零,结束实验。

(2)三相半波整流及有源逆变电路。

断开漏电保护器,按照三相半波有源逆变电路对接线电路进行适当的修改,参考图 8 - 5 接线,将单相可调电阻箱调至最大阻值处,输出给定调到零。

按下"启动"按钮,此时 $\alpha = 150°$,三相半波处于逆变状态,用示波器观察电路输出电压 U_d 的波形,缓慢调节给定电位器,升高给定。观察电压表的指示,其值由负的电压值向零靠近,当到达零电压,也就是 $\alpha = 90°$ 时,继续升高给定电压,输出电压由零向正的电压升高,进入整流区。在此过程中记录 $\alpha = 30°$、$60°$、$90°$、$120°$、$150°$ 时的电压值以及波形于表 8 - 11 中。

表 8 - 11　数据记录表

$\alpha/(°)$	30	60	90	120	150
U_1/V					

五、实验报告

(1)画出实验所得的各特性曲线与波形图。

(2)对可控整流电路在整流状态与逆变状态的工作特点进行比较。

六、注意事项

(1)参考"实验二十三"的注意事项中的(1)。

(2)为防止逆变颠覆,逆变角必须安置在 $90° \geqslant \beta \geqslant 30°$ 内,也就是 $90° \leqslant \alpha \leqslant 150°$。即 $U_{ct} = 0$ 时,$\alpha = 150°$,调整 U_{ct} 时,用直流电压表监视逆变电压,待逆变电压接近零时,必须缓慢操作。

(3)在实验过程中调节 β,必须监视主电路电流,防止 β 的变化引起主电路出现过大的电流。

(4)实验中要注意加载在 TC787 模块上同步信号的相位。

实验二十七　三相桥式全控整流及有源逆变电路实验

一、实验目的

(1)加深理解三相桥式全控整流及有源逆变电路的工作原理。

(2)了解 TC787 触发电路模块的调整方法和各点的波形。

二、实验所需挂件及附件(见表 8–12)

表 8–12　实验所需挂件及附件

序号	型号	名称	数量	单位
1	THMDK–3	电源控制屏	1	套
2	MDK–08	低压直流电源及给定组件	1	组
3	MDK–31	直流仪表组件	1	套
4	MDK–62	晶闸管主电路模块	1	块
5	EZT3–11	功放电路模块Ⅰ	1	块
6	EZT3–12	功放电路模块Ⅱ	1	块
7	EZT3–13	功放电路模块Ⅲ	1	块
8	EZT3–20	TC787 触发电路模块	1	块
9		单相可调电阻箱	1	台
10		双踪示波器	1	台
11		万用表	1	只

三、实验线路及原理

实验线路如图 8–6 和图 8–7 所示。主电路由三相全控整流电路和作为逆变直流电源的三相不控整流电路组成,触发电路为 EZT3–20 中的 TC787 触发电路模块,三相桥式整流及逆变电路的工作原理可参见《电力电子技术》教材的有关内容。

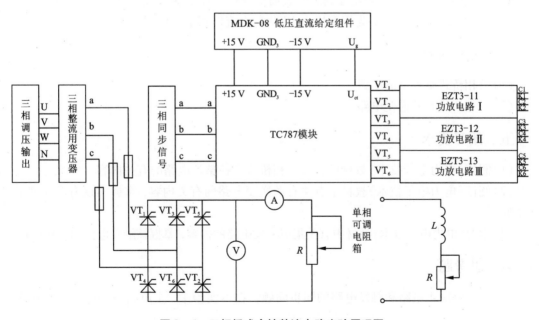

图 8–6　三相桥式全控整流电路实验原理图

在三相桥式有源逆变电路中，电阻、电感与整流时一致，只是增加了"三相不控整流"模块和三相芯式变压器。三相芯式变压器在控制屏面板上，采用 Y – Y 接法（x、y、z 短接，X、Y、Z 短接）。三相芯式变压器用作升压变压器，三相整流用变压器输出端 a、b、c 对应接到三相芯式变压器的低压侧 a、b、c，三相芯式变压器的高压侧 A、B、C 依次接晶闸管主电路中间强电柱的黄绿红。

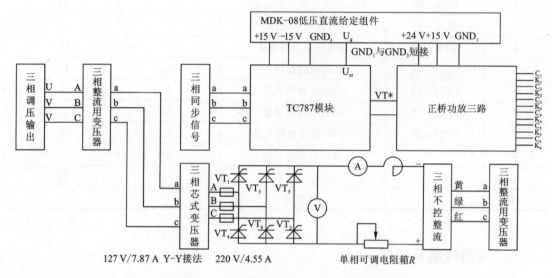

图 8 – 7　三相桥式有源逆变电路实验原理图

图中的 R 均使用单相可调电阻箱，将阻值调至最大位置；电感 L 也在控制屏面板上，选用 300 mH，直流电压、电流表由控制屏仪表面板获得。详细接线图见附件 2 的图册（注：三相不控整流模块在使用前，要先用万用表 1000 V 直流挡测量输出端的正负）。

四、实验内容

（1）三相桥式全控整流电路。
（2）三相桥式有源逆变电路。

五、预习要求

（1）阅读《电力电子技术》教材中有关三相桥式全控整流电路的有关内容。
（2）阅读《电力电子技术》教材中有关有源逆变电路的有关内容，掌握实现有源逆变的基本条件。
（3）学习《电力电子技术》教材中有关集成触发电路的内容，掌握该触发电路的工作原理。

六、思考题

（1）如何解决主电路和触发电路的同步问题？在本实验中，主电路三相电源的相序可任意设定吗？
（2）在本实验的整流及逆变时，对 α 角有什么要求？为什么？

七、实验方法

(1)断开电源,MDK - 08 上 GND_1 与 GND_3 短接。三路功放的相同端口进行短接,TC787 的六路脉冲 VT*与功放进行对接。从 MDK - 08 上引出一路低压电源 + 24 V、+ 15 V、GND_1 去功放,引出另一路电源 + 15 V、- 15 V、GND_3 去 TC787。功放的 U_{lf} 端口暂不接 GND,保持功放处于"不工作状态"。

(2)按照三相桥式整流对晶闸管主电路进行接线。将晶闸管主电路的 K_1、K_3、K_5 短接,功放电路的 K_1、K_3、K_5 短接,再用一根线将两者短接在一起。晶闸管主电路的 A_2、A_4、A_6 短接,其余端口晶闸管主电路与功放电路一一对接。

(3)三相电经"三相调压器"可调端到"三相整流用变压器"输入端 A、B、C,再从"三相整流用变压器"输出端 a、b、c 经过"保险丝模块"到达晶闸管主电路模块,a、b、c 对应晶闸管主电路模块中间强电柱的黄、绿、红。

(4)从晶闸管主电路模块的两侧的左侧强电柱(正极)经过电流表串入单相可调电阻箱、电感,然后回到晶闸管主电路模块的两侧的右侧强电柱(负极)。单相可调电阻箱在使用前要调至最大电阻值处。直流电压表并联在正极和负极两端。将三相同步信号对接到 TC787 模块,将 MDK - 08 挂箱的 U_g 接到 TC787 模块的 U_{ct} 端口(为保证实验效果良好,直流电压表的强电柱放在两侧的最上端,负载的两端放在两侧的最下端)。

(5)从"单相固定交流电源220 V"引线给 MDK - 08、仪表挂箱等供电。

(6)检查接线无误后,启动电源。调压器调节到指针表显示的 150 V 位置。由于功放 U_{lf} 端口暂不接 GND,处于"不工作状态",所以要先检查 TC787 的好坏,检查三相同步信号相序是否正确,幅值是否相等,然后稍微增加给定,可在测量端观察到很好的 VT*双脉冲波形,一共六路(若是没有,可测量 TC787 上的锯齿波是否完好,若锯齿波缺失,则可能是芯片损坏)。

(7)断开电源,将功放 U_{lf} 端口接 GND,启动电源,此时功放处于工作状态,用示波器观察晶闸管主电路模块的最下端两侧的强电柱,增加给定,直流电压表到刚刚最大电压值,示波器显示最大电压值波形。若不是给定 6 V 时到刚刚最大电压值,则需要按以下步骤调节 TC787:

①将 R_{P2} 顺时针旋转到底;

②然后调节 R_{P1},使给定 6 V 时,直流电压表到刚刚最大电压值,示波器显示最大电压值波形;

③然后给定 0 V,逆时针微调 R_{P2},使给定 0 V 时,晶闸管输出电压刚刚为 - 0 V;

④然后再验证②,如果不是,则再微调 R_{P1},使给定 6 V 时,直流电压表到刚刚最大电压值,示波器显示最大电压值波形。

(8)三相桥式全控整流电路。

断开"启动"电源,将 MDK - 08 上的"给定"输出调到零(逆时针旋转到底),单相可调电阻箱 R 放在最大阻值处 230 Ω,双踪示波器探头地接 TC787 上的 GND,用一个探头观测 TC787 上 a 相同步信号测量端,用另一个探头观测 VT_1 脉冲波形,调节给定电位器,增加移相电压,使 α 角在30° ~150°内调节,同时,用示波器观察并记录 α = 30°、60°、90°时的整流电压 U_d 和晶闸管两端电压 U_{VT} 的波形,并记录相应的 U_d 数值于表8 - 13 中。

表 8 – 13　数据记录表

A/(°)	30	60	90
U_2			
U_d(记录值)/V			
U_d/U_2/V			
U_d(计算值)/V			

计算公式为：

$$U_d = 2.34U_2\cos\alpha \qquad (0 \sim 60°)$$

$$U_d = 2.34U_2\left[1 + \cos\left(a + \frac{\pi}{3}\right)\right] \qquad (60° \sim 120°)$$

(9)三相桥式有源逆变电路。

断开"启动"电源，按图 8 – 7 接线(注：三相不控整流模块在使用前，要先用万用表 1000 V 直流挡测量一下输出端的正负)，将 MDK – 08 上的"给定"输出调到零(逆时针旋转到底)，将单相可调电阻箱 R 放在最大阻值处，按下"启动"按钮，将 MDK – 08 上的开关 S1 拨到正给定。增加给定电压，使 $\beta(\beta = 180 - \alpha)$ 角在 30° ~ 90° 内调节，单相电阻箱保持在最大电阻值。用示波器观察并记录 $\beta = 30°$、60°、90°时的电压 U_d 和晶闸管两端电压 U_{VT} 的波形，并记录相应的 U_d 数值于表 8 – 14 中。计算公式为：$U_d = 2.34U_2\cos(180° - \beta)$。

表 8 – 14　数据记录表

β/(°)	30	60	90
U_2/V			
U_d(记录值)/V			
$U_d U_2$/V			
U_d(计算值)/V			

八、实验报告

(1)画出电路的移相特性 $U_d = f(\alpha)$。

(2)画出触发电路的传输特性 $\alpha = f(Uct)$。

(3)画出 $\alpha = 30°$、60°、90°、120°、150°时的整流电压 U_d 和晶闸管两端电压 U_{VT} 的波形。

九、注意事项

(1)参考"实验二十三"的注意事项中的(1)。

(2)为了防止过流，启动时将可调电阻箱 R 调至最大阻值位置。

实验二十八　单相交流调压电路实验

一、实验目的

(1)加深理解单相交流调压电路的工作原理。

(2)加深理解单相交流调压电路带电感性负载对脉冲及移相范围的要求。

(3)了解 TCA785 触发电路模块的原理和应用。

二、实验所需挂件及附件(见表 8 – 15)

表 8 – 15　实验所需挂件及附件

序号	型号	名称	数量	单位
1	THMDK – 3	电源控制屏	1	套
2	MDK – 08	低压直流电源及给定组件	1	组
3	MDK – 33	交流仪表组件	1	套
4	MDK – 62	晶闸管主电路模块	1	块
5	EZT3 – 11	功放电路模块 I	1	块
6	EZT3 – 12	功放电路模块 II	1	块
7	EZT3 – 20	TCA785 触发电路模块	1	块
8		单相可调电阻箱	1	台
9		双踪示波器	1	台
10		万用表	1	只

三、实验线路及原理

实验原理图见图 8 – 8，图中电阻 R 用单相可调电阻箱，将电阻箱的阻值调至最大位置，晶闸管则利用 MDK – 62 晶闸管主电路上的 VT_1 与 VT_4，交流电压、电流表由控制屏仪表面板上得到，电抗器 L_d 从控制屏面板上得到，用 200 mH。

四、实验内容

(1)TCA785 触发电路模块的调试。

(2)单相交流调压电路带电阻性负载。

(3)单相交流调压电路带电阻电感性负载。

五、预习要求

(1)阅读《电力电子技术》教材中有关交流调压的内容，掌握交流调压的工作原理。

(2)查阅资料，了解 TCA785 晶闸管触发芯片的工作原理及其在单相交流调压电路中的应用。

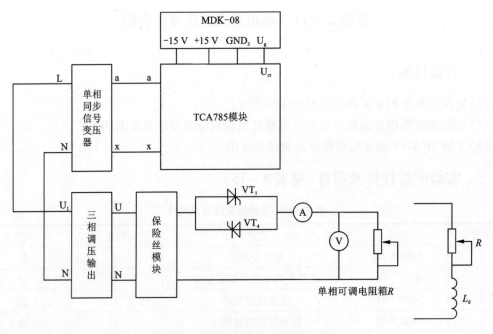

图 8 - 8　单相交流调压主电路原理图

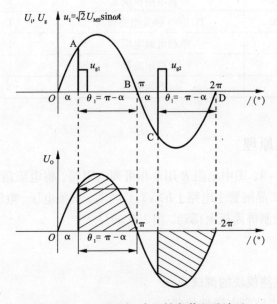

图 8 - 9　$\alpha = 30°$ 时，电阻性负载两端波形

六、思考题

(1) 交流调压在带电感性负载时可能会出现什么现象? 为什么? 如何解决?

(2) 交流调压有哪些控制方式? 有哪些应用场合?

七、实验方法

(1)TCA785 模块上的"触发电路"调试。

断开漏电保护器,按图 8 – 8 接线。TC785 模块的 G_1、K_1 接 VT_1,G_2、K_2 接 VT_4。从单相固定交流电源引线到 MDK – 08 挂箱和所需仪表挂箱。合上漏电保护器,打开挂箱上电源开关,参考 7.3 节对 TCA785 模块进行调试,并使给定 0 V 时,$\alpha = 180°$。

(2)单相交流调压带电阻性负载。

按下启动按钮,用示波器观察负载电压、晶闸管两端电压 U_{VT} 的波形。调节 TCA785 模块上的电位器 R_{P2},观察在不同 α 角时各点波形的变化,并记录 $\alpha = 30°$、$60°$、$90°$、$120°$ 时的波形。$\alpha = 30°$ 时,电阻性负载两端波形见图 8 – 9。

(3)单相交流调压带电阻电感性负载。

①按照要求进行接线,在进行电阻电感性负载实验时,需要调节负载阻抗角的大小,因此应该知道电抗器的内阻和电感量。常采用直流伏安法来测量内阻,如图 8 – 10 所示。电抗器的内阻为:

$$R_L = U_L/I \qquad (8-1)$$

电抗器的电感量可采用交流伏安法测量,如图 8 – 11 所示。由于电流大时,对电抗器的电感量影响较大,可采用自耦调压器调压,多测几次取其平均值,从而可得到交流阻抗。

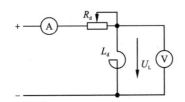

图 8 – 10 用直流伏安法测电抗器内阻

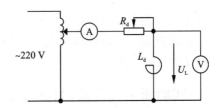

图 8 – 11 用交流伏安法测定电感量

$$Z_L = \frac{U_L}{I} \qquad (8-2)$$

电抗器的电感为:

$$L = \frac{\sqrt{Z_L^2 - R_L^2}}{2\pi f} \qquad (8-3)$$

$$\varphi = \arctan \frac{\omega L}{R_d + R_L}$$

这样,即可求得负载阻抗角。

在实验中,欲改变阻抗角,只需改变可调电阻器 R 的电阻值即可。

②切断电源,将 L 与 R 串联,改接为电阻电感性负载。按下"启动"按钮,用双踪示波器同时观察负载电压 U_1 和负载电流 I_1 的波形。调节 R 的数值,使阻抗角为一定值,观察在不同 α 角时波形的变化情况,记录 $\alpha > \varphi$、$\alpha = \varphi$、$\alpha < \varphi$ 三种情况下负载两端的电压 U_1 和流过负载的电流 I_1 的波形。

八、实验报告

(1)整理、画出实验中所记录的各类波形。

(2)分析电阻电感性负载时，α 角与 φ 角相应关系的变化对调压器工作的影响。

(3)分析实验中出现的各种问题。

九、注意事项

(1)参考"实验二十三"的注意事项。

(2)触发脉冲是从外部接入 MDK11 面板上晶闸管的门极和阴极，此时应将所用晶闸管对应的触发脉冲拨向"断"的位置，以避免误触发。

(3)由于"G""K"输出端有电容影响，故观察触发脉冲电压波形时，需将输出端"G"和"K"分别接到晶闸管的门极和阴极(也可用约 100 Ω 左右阻值的电阻接到"G""K"两端，来模拟晶闸管门极与阴极的阻值)，否则无法观察到正确的脉冲波形。

实验二十九 三相交流调压电路实验

一、实验目的

(1)了解三相交流调压触发电路的工作原理。

(2)加深理解三相交流调压电路的工作原理。

(3)了解三相交流调压电路带不同负载时的工作特性。

二、实验所需挂件及附件(见表8-16)

表8-16 实验所需挂件及附件

序号	型号	名称	数量	单位
1	THMDK - 3	电源控制屏	1	套
2	MDK - 08	低压直流电源及给定组件	1	组
3	MDK - 33	交流仪表组件	1	套
4	MDK - 62	晶闸管主电路模块	1	块
5	EZT3 - 11	功放电路模块Ⅰ	1	块
6	EZT3 - 12	功放电路模块Ⅱ	1	块
7	EZT3 - 13	功放电路模块Ⅲ	1	块
8	EZT3 - 20	TC787 触发电路模块	1	块
9		单相可调电阻箱	1	台
10		双踪示波器	1	台
11		万用表	1	只
12		机组三	1	组
13		三相可调电阻箱	1	台

三、实验线路及原理

交流调压器应采用宽脉冲或双窄脉冲进行触发。实验装置中使用双窄脉冲。实验线路如图 8 – 12 所示。

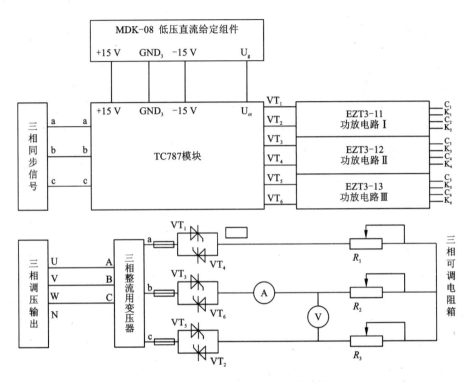

图 8 – 12 三相交流调压实验线路图

四、实验内容

（1）三相交流调压器触发电路的调试。
（2）三相交流调压电路带电阻性负载。

五、预习要求

（1）阅读《电力电子技术》教材中有关交流调压的内容，掌握三相交流调压的工作原理。
（2）了解如何将三相可控整流的触发电路用于三相交流调压电路。

六、实验方法

（1）参考"实验二十七"做出三相全控整流实验。
按下"停止"按钮，使给定退到零，将单相可调电阻箱调至最大值，结束实验。
（2）三相交流调压器带电阻性负载
断开漏电保护器。按照图 8 – 12 对接线合上漏电保护器，按下"启动"按钮，调节 MDK – 08 挂箱上的正给定电位器。用示波器观察并记录 $\alpha = 30°$、$60°$、$90°$、$120°$、$150°$ 时的输出电压波形，并记录相应的输出电压有效值于表 8 – 17 中。

表 8 – 17   数据记录表

$\alpha/(°)$	30	60	90	120	150
U					

七、实验报告

(1)整理并画出实验中记录的波形。

(2)讨论、分析实验中出现的各种问题。

八、注意事项

触发脉冲与晶闸管主电路电源必须同步，两者频率应该相同，而且要有固定的相位关系，使得每一周期都能在同一相位上触发。

电机及电力拖动实验装置设备简介及操作说明

一、设备简介

1. 设备概述

该实验装置包括电机及电力拖动实验系统和智能安全配电管理系统(附图1-1)。其中,电机及电力拖动实验系统主要由嵌入式一体机电脑、三相交流总电源、MK01 直流电压表模块、MK02 直流电流表模块、MK03 交流电压表模块、MK04 交流电流表模块、MK05 单相交流表模块、MK06 智能测控仪表模块、MK07 交流并网及切换开关模块、MK08 电力电子控制模块、三相调压器、直流稳压电源、扭矩表、转速表、三相组式变压器、三相芯式变压器、三相电抗器、电机组及可调电阻组成;智能安全配电管理系统主要由人机界面、监控主机、监控从机及遥控模块等设备组成。

附图1-1 智能安全配电管理系统

2. 设备结构

（1）三相交流总电源（附图1-2）。

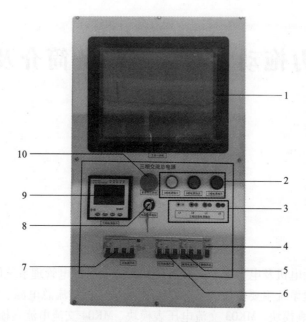

附图1-2　三相交流总电源

附表1-1　三相交流总电源参数表

序号	单元名称	元器件名称	参数	作用
1	工控一体机	工控一体机	0.4 m，分辨率1024×768	测量、显示、控制
2	三相交流总电源	A、B、C相电源指示灯	AC 220 V	指示总电源工作情况
3		三相交流电源输出接口	AC 380 V 电源输出	输出 AC 380 V 三相交流电压
4		照明开关	额定电流（6 A）	实训柜照明控制开关
5		直流电源开关	额定电流（16 A）	直流电源的控制开关
6		交流电源开关	额定电流（16 A）	交流电源控制开关
7		总电源开关	额定电流（25 A）	总电源控制开关
8		电源启停旋钮	电流（25 A），转换角度（30°）	控制电源的启动与停止
9		三相电源指示仪表/YDH30P	AC 220 V	对屏柜内剩余电流、温度、电压等参数进行实时监测保护
10		紧急停止按钮	ϕ40，1NO+1NC	紧急停止电源（交流电源、直流电源、照明）

（2）MK01、MK02 直流电表模块（附图1-3、附图1-4）。

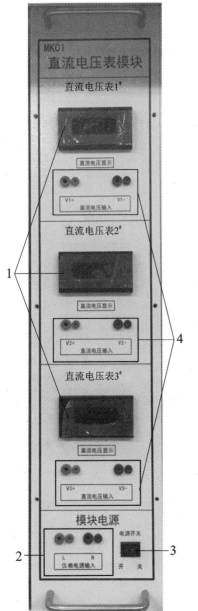

附图1-3 MK01 直流电压表模式

附表1-2 MK01 直流电表模块参数表

序号	单元名称	元器件名称	参数	作用
1	MK01 直流电压表模块	直流电压表/YD8530	输入：DC 0～300 V 电源：AC 85～265 V 或者 DC 85～330 V	测量、显示直流电压值
2		仪表电源输入接口	接入电源：AC 220 V	直流电压表的电源输入接口，仪表接入电源用
3		电源开关	6 A/250 V	控制直流电压表模块的电源通断
4		直流电压输入接口	输入电压：DC 0～300 V	直流电压表的电压输入接口，用于分别接至需要测量直流电压的仪表或电路两端

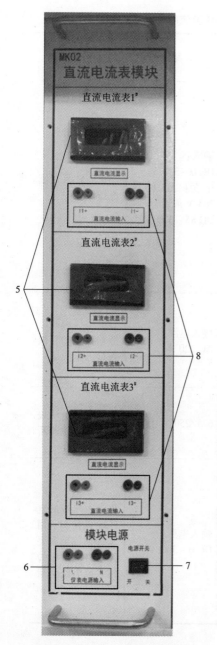

附图 1 − 4　MK02 直流电流表模块

附表 1 − 3　MK02 直流电表模块参数表

序号	单元名称	元器件名称	参数	作用
5	MK02直流电流表模块	直流电流表	DC 0 ~ 20 A/75 mV	测量、显示直流电流值
6		仪表电源输入接口	接入电源：AC 220 V	直流电流表的电源输入接口，作仪表接入电源用
7		电源开关	6 A/250 V	控制直流电流表模块的电源通断
8		直流电流输入接口	输入电流：DC 0 ~ 75 mV	直流电流表的电流输入接口，用于分别接至需要测量直流电流的仪表或电路的前端或后端

（3）MK03、MK04 交流电表模块（附图 1-5、附图 1-6）。

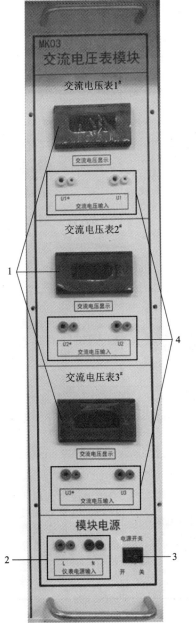

附图 1-5　MK03 交流电压表模式

附表 1-4　MK03 交流电表模块参数表

序号	单元名称	元器件名称	参数	作用
1	MK03交流电压表模块	交流电压表/YD8510	输入：AC 0~600 V 电源：AC 85~265 V 或者 DC 85~330 V	测量、显示交流电压值
2		仪表电源输入接口	接入电源：AC 220 V	交流电压表的电源输入接口，作仪表接入电源用
3		电源开关	6 A/250 V	控制交流电压表模块的电源通断
4		交流电压输入接口	输入电压：AC 0~600 V	交流电压表的电压输入接口，用于分别接至需要测量交流电压的仪表或电路两端

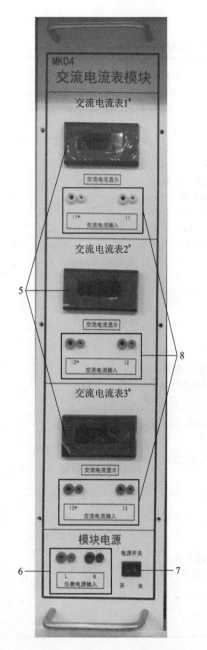

附图 1−6　MK04 交流电流表模块

附表 1−5　MK04 交流电表模块参数表

序号	单元名称	元器件名称	参数	作用
5	MK04交流电流表模块	交流电流表/YD8500	输入：AC 0~5A 电源：AC 85~265 V 或者 DC 85~330 V	测量、显示交流电流值
6		仪表电源输入接口	接入电源：AC 220 V	交流电流表的电源输入接口，作仪表接入电源用
7		电源开关	6 A/250 V	控制交流电流表模块的电源通断
8		交流电流输入接口	输入电流：AC 0~5A	交流电流表的输入接口，用于分别接至需要测量交流电流的仪表或电路两端

（4）MK05 单相交流表模块（附图 1 - 7）。

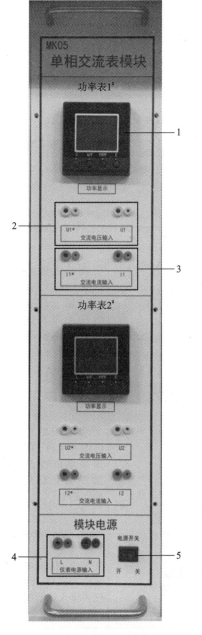

附图 1 - 7　MK05 单相交流表模块

附表 1 - 6　MK05 交流电表模块参数表

序号	单元名称	元器件名称	参数	作用
1	MK05 单相交流表模块	功率表 1#/YD8181Y	AC 220 V/5 A RS485，AC 85 ~265 V 或者 DC 100~330 V	测量、显示各项电参量
2		交流电压输入接口	输入电压：AC 220 V	功率表的电压输入接口，用于分别接至需要测量各项电参量的电路两端
3		交流电流输入接口	输入电流：AC 5 A	功率表的电流输入接口，用于分别接至需要测量各项电参量的电路两端
4		仪表电源输入接口	接入电源：AC 220 V	功率表的电源输入接口，作仪表接入电源用
5		电源开关	6 A/250 V	控制单相交流表模块的电源通断

说明：功率表 2# 和功率表 1# 的接线方法、使用方法相同。

（5）MK06 智能测控仪表模块（附图 1-8）。

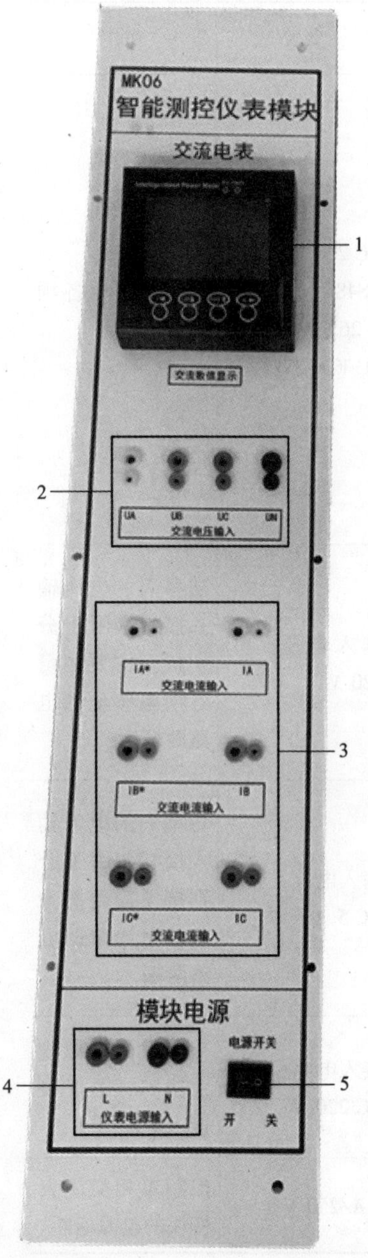

附图 1-8　MK06 智能测控仪表模块

附表 1-7　MK06 智能测控仪表模块参数表

序号	单元名称	元器件名称	参数	作用
1	MK06 智能测控仪表模块	交流电表 /YD2037Y	AC 30～600 V/AC 0～6A，AC 85～265 V 或者 DC 85～330 V（内置互感器）	测量、显示各项电参量
2		交流电压输入接口	输入电压：AC 30～600 V	交流电表的电压输入接口，采用三相三线接法接至需要测量各项电参量的电路中
3		交流电流输入接口	输入电流：AC 0～6 A	交流电表的电流输入接口，串连接至需要测量各项电参量的电路中
4		仪表电源输入接口	接入电源：AC 220 V	交流电表的电源输入接口，作仪表接入电源用
5		电源开关	6A/250 V	控制智能测控仪表模块的电源通断

（6）MK07 交流并网及切换开关模块（附图1-9）。

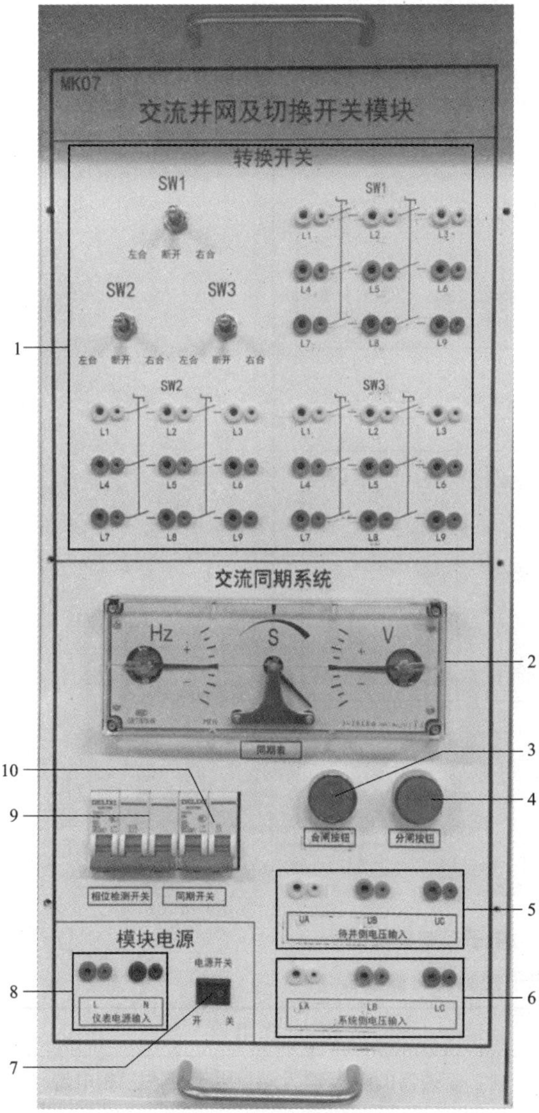

附表1-8　MK07 交流并网及切换开关模块参数表

序号	单元名称	元器件名称	参数	作用
1	转换开关	钮子开关	3挡9脚 15A 250 V	用于手动控制交直流电路的通断，作切换开关使用
2	交流同期系统	同期表	三相/单相 100 V	检测三相同步发电机与运行的电网系统进行并联时的电压差、频率差和相角差
3		合闸按钮	1NO + 1NC	对交流同期系统控制电路进行合闸
4		分闸按钮	1NO + 1NC	对交流同期系统控制电路进行分闸
5		待并测电压输入接口	三相三线，输入电压：AC 380 V	用于接至三相同步发电机的三相电压端子上
6		系统侧电压输入接口	三相三线，输入电压：AC 380 V	用于接至正常运行的电网上
7		电源开关	6 A/250 V	交流同期系统控制电路的电源控制开关
8		仪表电源输入接口	接入电源：250 V	用于接入单相交流电源
9		相位检测开关	额定电流：16 A	相位检测的控制开关
10		同期开关	额定电流：6 A	当满足条件时，同期开关合闸后即并网成功

附图1-9　MK07 交流并网及切换开关模块

（7）MK08 电力电子控制模块（附图 1 – 10）。

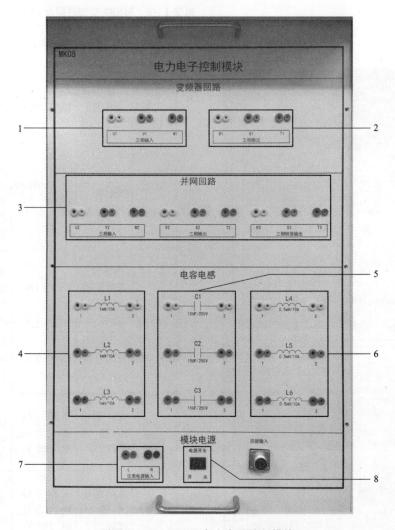

附图 1 – 10　MK08 电力电子控制模块

附表 1 – 9　MK08 电力电子控制模块参数表

序号	元器件名称	参数	作用
1	变频器三相输入接口	—	变频器的电源输入端，用于接入三相电源
2	变频器三相输出接口	—	变频器的输出端，用于接三相马达
3	并网回路	—	电力电子实验用
4	磁环电感	1.0 mH/10 A	提供实验磁环电感
5	磁环电容	15 μF/250 V	提供实验磁环电容
6	磁环电感	0.5 mH/10 A	提供实验磁环电感
7	仪表电源输入接口	—	用于接入单相交流电源
8	电源开关	6 A/250 V	电力电子控制模块的电源控制开关

(8)三相调压器(附图1-11)。

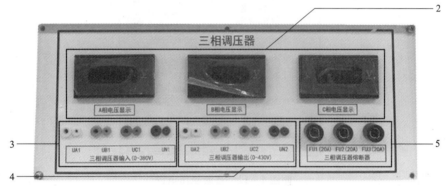

附图1-11 三相调压器

附表1-10 三相调压器参数表

序号	元器件名称	参数	作用
1	三相调压器	0~430 V	可调自耦变压器,可作为带动三相负载的无级平滑调节电压设备
2	A、B、C 相电压显示表/YD8510	输入:AC 0~600 V,电源:AC 85~265 V 或者 DC 85~330 V	测量、显示交流电压值
3	三相调压器输入(0~380 V)接口	输入电压:0-380 V	三相调压器的电压输入接口,接入三相交流电源
4	三相调压器输出(0-430 V)接口	输出电压:0-430 V	三相调压器的电压输出接口,接用电负载
5	三相调压器熔断器	20 A/250 V	切断电源,保护电路安全运行

(9)直流稳压电源(附图 1 - 12)。

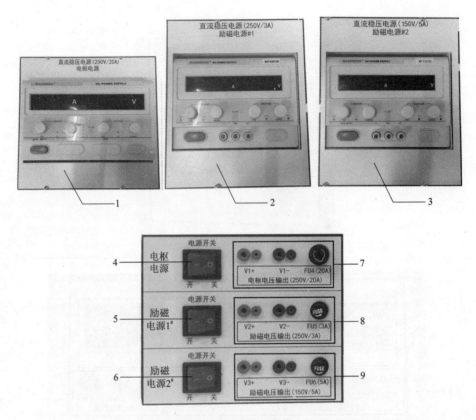

附图 1 - 12 直流稳压电源

附表 1 - 11 直流稳压电源参数表

序号	元器件名称	参数	作用
1	直流稳压电源 电枢电源	250 V/20 A	提供电枢电源,同时显示电压和电流
2	直流稳压电源 励磁电源 1#	250 V/3 A	提供励磁电源,同时显示电压和电流
3	直流稳压电源 励磁电源 2#	150 V/5 A	提供励磁电源,同时显示电压和电流
4	电枢电源开关	AC30 A/250 V	电枢电压输出控制开关
5	1#励磁电源开关	AC30 A/250 V	1#励磁电压输出控制开关
6	2#励磁电源开关	AC30 A/250 V	2#励磁电压输出控制开关
7	电枢电压输出(250 V/20 A)接口	输出电压:250 V	提供电枢电压输出
8	1#励磁电压输出(250 V/3 A)接口	输出电压:250 V	提供 1#励磁电压输出
9	2#励磁电压输出(150 V/5 A)接口	输出电压:150 V	提供 2#励磁电压输出

（10）扭矩表（附图 1 - 13）。

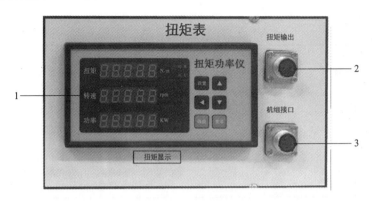

附图 1 - 13　扭矩表

附表 1 - 12　扭矩表

序号	元器件名称	参数	作用
1	扭矩表	AC220 V	同时显示扭矩、转速、功率
2	扭矩输出	2 芯	与 MK - 08 电力电子控制模块的扭矩输入接口相接
3	机组接口	5 芯	与机组 1#、2# 的机组扭矩接口相接

（11）转速表（附图 1 - 14）。

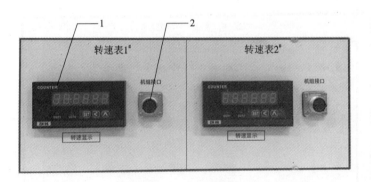

附图 1 - 14　转速表

附表 1 - 13　转速表

序号	元器件名称	参数	作用
1	转速表	AC/DC100 - 250 V	进行转速控制与显示
2	机组接口	7 芯	与机组 1#、2#、3#、4# 机组转速接口相接

说明：转速表 2# 和转速 1# 的接线方法、使用方法相同。

（12）三相组式变压器（附图 1 – 15）。

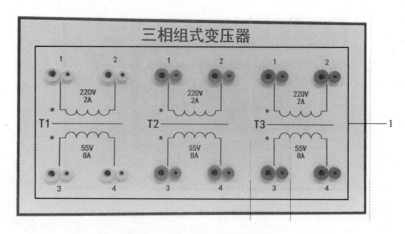

附图 1 – 15　三相组式变压器

附表 1 – 14　三相组式变压器参数表

序号	单元名称	元器件名称	参数	作用
1	三相组式 变压器	单相组式变压器 /T1、T2、T3	220 V 输入，55 V 输出， 500 VA 容量	用于单相负荷和 三相变压器组

说明：单相组式变压器 T1、T2 和 T3 的接线方法、使用方法相同。

（13）三相芯式变压器（附图 1 – 16）。

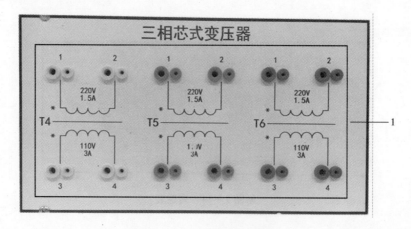

附图 1 – 16　三相芯式变压器

附表 1 – 15　三相芯式变压器参数表

序号	单元名称	元器件名称	参数	作用
1	三相芯式 变压器	三相芯式变压器 /T4、T5、T6	三相，1 kVA，50/60 Hz	用于三相系统的升、降电压

说明：三相芯式变压器 T4、T5 和 T6 的接线方法、使用方法相同。

（14）三相电抗器（附图 1 – 17）。

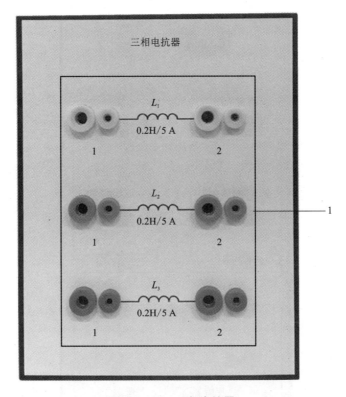

附图 1 – 17　三相电抗器

附表 1 – 16　三相电抗器参数表

序号	单元名称	元器件名称	参数	作用
1	三相电抗器	单相电抗器/L1、L2、L3	0.2 H/5 A	在电路中起阻抗作用

说明：单相电抗器 L_1、L_2 和 L_3 的接线方法、使用方法相同。

（15）机组 1#（附图 1 - 18）。

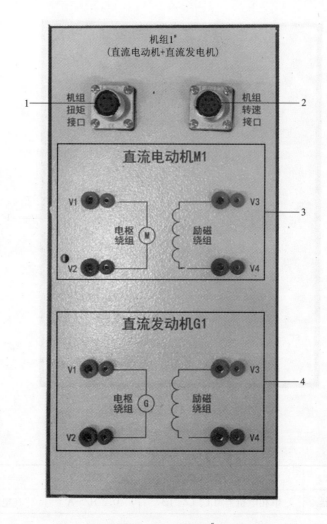

附图 1 - 18　机组 1#

附表 1 - 17　机组 1#参数表

序号	单元名称	元器件名称	参数	作用
1	机组 1#	机组扭矩接口	5 芯	与扭矩表的扭矩输出接口相接
2		机组转速接口	7 芯	与转速表 1#、2#的机组接口相接
3		直流电动机 M1	1.5 kW 1450RPM	提供实验直流电动机 M1
4		直流发动机 G1	1 kW 1450RPM	提供实验直流发动机 G1

（16）机组 2[#]（附图 1 – 19）。

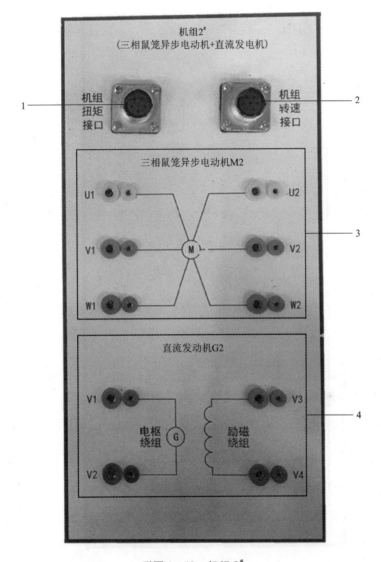

附图 1 – 19 机组 2[#]

附表 1 – 18 机组 2[#]参数表

序号	单元名称	元器件名称	参数	作用
1		机组扭矩接口	5 芯	与扭矩表的扭矩输出接口相接
2		机组转速接口	7 芯	与转速表 1[#]、2[#]的机组接口相接
3	机组 2[#]	三相鼠笼异步电动机 M2	1.5 kW 1390RPM	提供实验三相鼠笼异步电动机 M2
4		直流发动机 G2	1 kW 1450RPM	提供实验直流发动机 G2

（17）机组 3#（附图 1 - 20）。

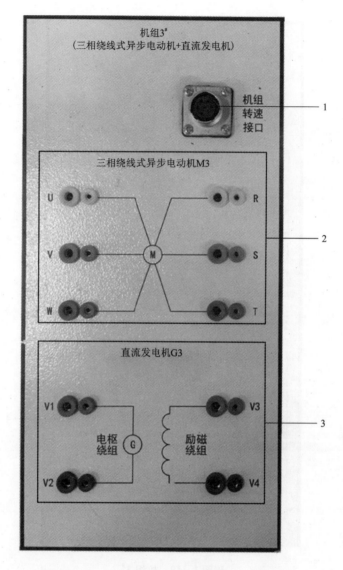

附图 1 - 20　机组 3#

附表 1 - 19　机组 3#参数表

序号	单元名称	元器件名称	参数	作用
1	机组 3#	机组转速接口	7 芯	与转速表 1#、2#的机组接口相接
2		三相绕线式异步电动机 M3	1.5 kW 866RPM	提供实验三相绕线式异步电动机 M3
3		直流发动机 G3	1 kW 1450RPM	提供实验直流发动机 G3

(18)机组 4#（附图 1 – 21）。

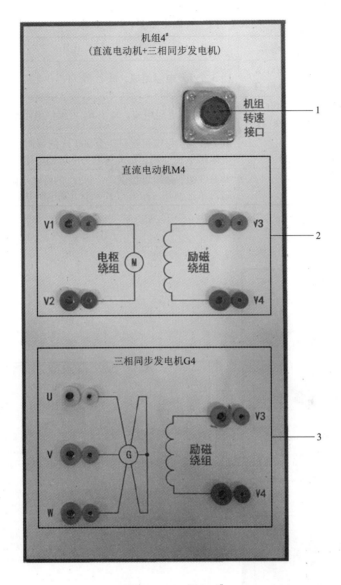

附图 1 – 21　机组 4#

附表 1 – 20　机组 4#参数表

序号	单元名称	元器件名称	参数	作用
1	机组 4#	机组转速接口	7 芯	与转速表 1#、2#的机组接口相接
2		直流电动机 M4	1.5 kW 1450RPM	提供实验直流电动机 M4
3		三相同步发电机 G4	1.5 kW 1500RPM	提供实验三相同步发电机 G4

(19)可调电阻1#、2#(附图1-22)。

附表1-21　可调电阻1#、2#参数表

序号	元器件名称	参数	作用
1	可调电阻1#	500 W 900 Ω	由3个RP电阻组成，每个R_P可提供电阻范围：0~900 Ω
2	可调电阻2#	500 W 90 Ω	由3个R_P电阻组成，每个R_P可提供电阻范围：0~90 Ω
3	可调电阻1#接口	—	共分3组，每组可提供2个900 Ω的可调电阻，每个900 Ω可调电阻可单独使用，亦可与另一个可调电阻并联使用
4	可调电阻2#接口	—	共分3组，每组可提供2个90 Ω的可调电阻，每个90 Ω可调电阻可单独使用，亦可与另一个可调电阻并联使用

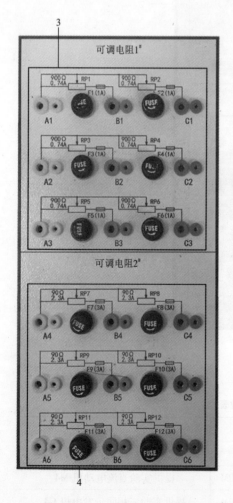

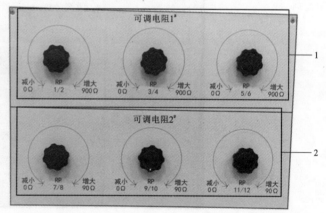

附图1-22　可调电阻1#、2#

（20）单相可调电阻（附图 1 – 23）。

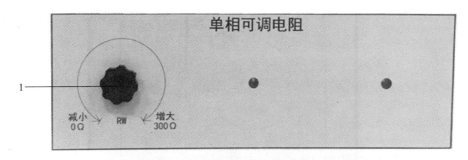

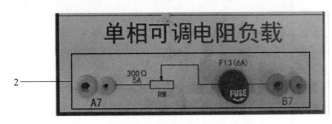

附图 1 – 23　单相可调电阻

附表 1 – 22　单相可调电阻参数表

序号	元器件名称	参数	作用
1	单相可调电阻	500 W，900 Ω	可提供电阻范围：0～300 Ω
2	单相可调电阻负载接口	—	可提供 1 个 300 Ω 可调电阻

（21）三相可调电阻负载（附图 1 - 24）。

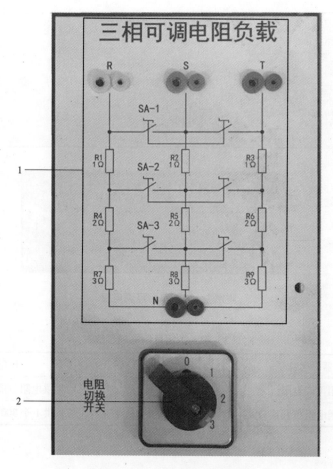

附图 1 - 24　三相可调电阻负载

附表 1 - 23　三相可调电阻负载参数表

序号	元器件名称	参数	作用
1	三相可调电阻负载	$(3 \times 1000)W - 1\ \Omega$； $(3 \times 1000)W - 2\ \Omega$； $(3 \times 1000)W - 3\ \Omega$；	根据电阻切换开关挡位(0，1，2，3)对应可提供 6 Ω、3 Ω、1 Ω、0 Ω 的电阻值
2	电阻切换开关	0~3 四挡，3 节，M1 方形	分为 0，1，2，3 四挡

二、设备各部分介绍及使用方法

1. 设备介绍

(1)电机及电力拖动实验系统。

1)基本参数。

①输入电源：三相四线/三相五线 AC(380±10%)V 电源输入，频率：50 Hz；

②装置容量：≤20 kV·A；

③装置外形尺寸：2000 mm×800 mm×1600 mm；

④工作环境：温度 -10～+40℃，相对湿度 <85%(25℃)，海拔 <4000 m；

2)主要配置。

①实训平台。

a. 实验桌采用铁质双层亚光密纹喷塑结构，桌面采用高密度板，实验桌底安装有四个万向滚轮和四个固定调节机构。

b. 交流电源(带过流保护措施)：提供三相 AC 430 V 电源(0～430 V 可调)，同时可得到单相 0～250 V 可调电源(配有一台 3 kV·A、0～430 V 规格的三相同轴联动自耦调压器)。

c. 高压直流电源：提供两路直流励磁电源为 0～250 V/3 A、0～150 V/5 A，直流电枢电源为 0～250 V/20 A，连续可调，可指示直流励磁电压和直流电枢电压。

d. 设有一组三相隔离变压器，设有电气火灾保护装置。

e. 控制屏左、右两侧设有三极 220 V 电源插座及三相四极 380 V 电源插座，提供 LED 灯管(220 V、40 W)一盏。

②配置固定电机机架、转矩传感器、光电编码器测速系统及智能数显转矩表和转速表。

③变压器。

a. 三相组式变压器：由三只相同的单相变压器组成，输入 220 V/2.0 A，输出 55 V/8.0 A，容量 500 VA。

b. 三相芯式变压器：容量为 1 kV·A，相数为三相，频率为 50/60 Hz。

④三相电抗器：0.8 H/1.0 A。

⑤电机。

a. 复励直流发电机(3 台)：额定电压为 DC230 V，额定功率为 1 kW，额定转速为 1450 RPM，安装方式为卧式。

b. 他(并)励直流电动机(2 台)：额定电压为 DC220 V，额定电流为 8.7 A，额定功率为 1.5 kW，额定转速为 1500 RPM，安装方式为卧式。

c. 三相鼠笼式异步电动机：电压为 380 V，接线方式为 Y，额定电流为 3.7 A，功率为 1.5 kW，转速为 1400 RPM，绝缘等级为 F 级，安装方式为卧式。

d. 三相绕线式异步电动机：定子为 380 V、5 A，转子为 100 V、15 A，转速为 820 r/min，功率为 1.5 kW，绝缘等级为 F 级，安装方式为卧式。

e. 三相同步电机：可作电动机和发电机用，电压为 400 V，电流为 2.7 A，功率为 1.5 kW，转速为 1500 r/min，功率因数为 0.8，励磁电压为 42 V，励磁电流为 2 A。

⑥绕线式异步电机启动与调速电阻箱(附表 1-24)。

附表 1 – 24　调速电阻箱

类型	数量
瓷管波纹电阻 RXG20 – 1000 W – 1 Ω	3
瓷管波纹电阻 RXG20 – 1000 W – 2 Ω	3
瓷管波纹电阻 RXG20 – 1000 W – 3 Ω	3

⑦直流数字电压表、电流表。

a. 数显电压表：显示位数为 4 位半，显示方式为 LED 显示，输入 DC 0 ~ 300 V，电源为 AC 85 ~ 265 V 或 DC 85 ~ 330 V。

b. 数显电流表：显示位数为 4 位半，显示方式为 LED 显示，输入为 DC 0 ~ 75 mV 分流器接入，可测量 0 ~ 20A 的直流电流，供电电压为 AC 100 ~ 240 V。

c. 三相交流电流表(3 块)：提供 3 块单相交流电流表用于测量三相交流电流，显示方式为 LED 显示，功能为实时测量交流电流，输入范围为 AC 0 ~ 6 A，辅助电源为 AC 85 ~ 265 V 或 DC 85 ~ 330 V。

d. 三相交流电压表(3 块)：提供 3 块单相交流电压表用于测量三相交流电压，显示方式：LED 显示，功能为实时测量交流电压，输入范围为 AC 0 ~ 600 V，辅助电源为 AC 85 ~ 265 V 或 DC 85 ~ 330 V，过载能力为电压 800 V 连续。

e. 单相交流功率表(2 块)：单相交流全电量表，功能为测量电压、电流、功率、功率因数、频率、电能，输入范围为 0 ~ 9999 W，辅助电源为 AC 85 ~ 265 V 或 DC 100 ~ 330 V。

⑧智能测控仪表：输入电压为 AC 30 ~ 600 V，输入电流测量为 0 ~ 6 A，可对相电压、线电压、电流、功率、功率因数、频率、正反向有功电能计量和正反向无功电能等参数进行测量。

⑨可调电阻器。

a. 三组 900 Ω 可调电阻器；

b. 三组 90 Ω 可调电阻器；

c. 一组 300 Ω 可调电阻器。

⑩熔断器及切换开关。

⑪旋转动态扭矩传感器(2 台)，测量范围为 0 ~ 50 Nm，转速信号为 60 脉冲/转，精度等级为 0.5 级。

⑫智能接线检测系统：主要由智能接线检测板、定制插拔线、智能接线检测系统组成，运用自动控制技术、云技术、通信技术等实现接线的智能自动评判。

(2)智能安全配电管理系统。

1)主要技术指标。

①电源输入：AC 380 V，频率为 50 Hz；

②电源输出：AC 380 V，8 × 32 A + 12 × 20 A；

③安全隔离电源容量：30 kV · A；

④工艺材质：采用 1.5 mm 钢板制作，经喷塑完成后表面为亚光灰色；

⑤规格尺寸：800 × 600 × 1800 mm。

2）人机界面。

①色彩：真彩，65535 色，TFT 液晶显示；

②尺寸：7 寸，LED 背光显示；

③通信接口：$3 \times RS485 + 1 \times RS232$ 接口；

④面板尺寸：$226.5 \, \text{mm} \times 163 \, \text{mm}$；

⑤显示内容：可显示各回路开关状态、主路相电流、线电压、相电压、负载率、有功功率、无功功率、视在功率、功率因数、频率、电压不平衡率、正向电能、温度、漏电电流、电流不平衡、支路电压、电流、负载率、功率、电能等参数及告警信息。

3）漏电保护功能。

①保护参数：适用于交流 50/60 Hz，额定工作电压 AC 690 V；

②保护功能：过载、短路、漏电保护；

③特点：体积小、分断能力强、飞弧短、抗振动等特点。

4）电源检测功能。

①监测项目：实时检测进线回路的相电压、线电压、相电流、电流不平衡率、有功/无功/视在功率、功率因数、总有功/无功/视在功率、总功率因数、频率、总无功电度、零线电流、零地电压、总有功电度、电压不平衡、漏电电流、均值有功/无功/视在功率等电参量；

②漏电安全检测功能：可实时显示漏电信息；

③支路监测：监测电流、电压、有功、有功电度、负载率，并可通信读取功率因数；

④显示功能：检测各开关状态并实时显示在人机界面上；

⑤精度：进线电压为 0.5%，进线电流为 0.5%，功率为 1.0%，电能为 1.0%，出线电压为 0.5%，电流为 0.5%，功率为 1.0%，电能为 1.0%；

⑥报警：主进线回路的输入过压、过负荷、欠压，输入频率超限报警、缺相报警、开关跳闸报警等；各输出回路的过负荷报警、开关断开报警等。

5）智能通信功能：提供 RS485 智能通信接口，支持 ModBus/RTU 通信协议。

6）主要功能。

每个配电回路均配备有独立的钥匙控制，配备有独立的短路保护功能；配电输出支持本地控制和远程控制，本地通过人机界面的触摸屏上操作，远程通过 APP 或其他平台远程控制；所有回路的电参数均配备有测量回路，不仅可实时观察各回路的用电情况，亦可对用电输出进行统计。

2. 设备操作使用说明

（1）电机及电力拖动实验系统。

1）电源设备。

电机及电力拖动实验系统的总电源来自外部 380 V 电源，实验系统正面台体上装有一个电源组合开关：有 380 V 的总电源、380 V 的三相交流电源、250 V 的直流电源、220 V 的单相交流电源，每种电源均有一只空气开关控制。

2）机器。

我实验室电机有各种不同的规格型号，每一种机器都有铭牌，标明了它的各种额定值，如额定电压 U_e、额定电流 I_e、额定容量 P_e、额定转速 N_e，这些数据是将来做实验时所必需的依据(实验前,首先必须熟悉被测对象,进入实验室后,养成观测抄录被测电机的铭牌数据的习惯)。

电流接线柱的标志符号:直流机电枢接线为 V_1、V_2,磁场绕组接线为 V_3、V_4。具体应视不同的机组而定,如机组 1# 他励直流电动机和复励直流发电机的电枢绕组分别选用 M1(V_1、V_2)和 G1(V_1、V_2)绕组,励磁绕组分别选用 M1(V_3、V_4)绕组和 G1(V_3、V_4)(这些,在以后每个具体的实验中都会给出),这些符号要记清楚,以免接线错误。

实验室机器有直流电机(发电机和电动机)、变压器(三相、单相)、异步机(绕线式、鼠笼式)。

3)实验设备。

设备已装有完成电机与拖动实验的所有驱动测量仪表和控制方式功能,只要按照各种不同实验的线路图连接导线,就可完成相关的实验。

设备上主要控制显示器件(从设备面板的左边依次往右看,从上依次往下看):

①三相交流总电源:合上总电源开关,三相电源指示表进入工作状态,A 相、B 相、C 相电源指示灯亮,表明柜体已得电,合上照明开关即可进行照明。然后将电源启停旋钮旋至闭合端,合上交流电源开关即可对外输出三相交流电源,合上直流电源开关即可对电枢电源、励磁电源 1#、励磁电源 2# 输出直流电源。

②三相调压器:三相调压器输入(0~380 V)端(U_{A_1}、U_{B_1}、U_{C_1}、U_{N_1})接至三相交流电源输出端(L_A、L_B、L_C、L_N),三相调压器输出(0~430 V)即可对外输出三相交流可调电源[通过三相调压器(3 kW)调节即可]。

③MK01 直流电压表模块:将 MK01 模块电源的仪表电源输入端子 L、N 分别接至三相交流总电源单元处的三相交流电源输出的 L_A、L_N,然后将直流电压表 1#、2#、3# 的直流电压输入端子按需接至需要测量直流电压的设备电压端子处,合上 MK01 模块电源处的电源开关,该模块得电即可进行直流电压测量。

④MK02 直流电流表模块:将 MK02 模块电源的仪表电源输入端子 L、N 分别接至三相交流总电源单元处的三相交流电源输出的 L_A、L_N,然后将直流电流表 1#、2#、3# 的直流电流输入端子按需接至需要测量直流电流的设备电流端子处,合上 MK02 模块电源处的电源开关,该模块得电即可进行直流电流测量。

⑤MK03 交流电压表模块:将 MK03 模块电源的仪表电源输入端子 L、N 分别接至三相交流总电源单元处的三相交流电源输出的 L_A、L_N,然后将交流电压表 1#、2#、3# 的交流电压输入端子按需接至需要测量交流电压的设备电压端子处,合上 MK03 模块电源处的电源开关,该模块得电即可进行交流电压测量。

⑥MK04 交流电流表模块:将 MK04 模块电源的仪表电源输入端子 L、N 分别接至三相交流总电源单元处的三相交流电源输出的 L_A、L_N,然后将交流电流表 1#、2#、3# 的交流电流输入端子按需接至需要测量交流电流的设备电流端子处,合上 MK04 模块电源处的电源开关,该模块得电即可进行交流电流测量。

⑦MK05 单相交流表模块:将 MK05 模块电源的仪表电源输入端子 L、N 分别接至三相交流总电源单元处的三相交流电源输出的 L_A、L_N,然后将功率表 1#(或 2#)的交流电压输入端子按需接至需要测量功率的设备电压端子处,交流电流输入端子按需接至需要测量功率的设备电流端子处,合上 MK05 模块电源处的电源开关,该模块得电即可进行功率测量。

⑧MK06 智能测控仪表模块：将 MK06 模块电源的仪表电源输入端子 L、N 分别接至三相交流总电源单元处的三相交流电源输出的 L_A、L_N，然后将交流电表的交流电压输入端子按需接至需要测量电参量的设备电压端子处，并将交流电流输入端子按需接至需要测量电参量的设备电流端子处，合上 MK06 模块电源处的电源开关，该模块得电即可进行电参量测量。

⑨MK07 交流并网及切换开关模块：将 MK07 模块电源的 L、N 分别接至三相交流总电源单元处的三相交流电源输出的 L_A、L_N，将待并测电压输入端子接至三相同步发电机的三相电压端子上，将系统侧电压输入端子对应接至三相交流电源输出端子上，合上 MK07 模块电源处的电源开关，合上相位检测开关，当满足条件(交流同期系统的电压差小于 5 V，频差小于 2 Hz，相角差小于 20°)时，按下合闸按钮，KM 闭合，此时处于准同期，然后合上同期开关，此时处于同期，即并网成功。

⑩MK08 电力电子控制模块：电力电子实验配套用。

⑪扭矩表：将扭矩表的扭矩输出航空插头(2 芯)接至 MK08 电力电子控制模块的扭矩输入接口，将扭矩表的机组接口航空插头(5 芯)接至机组 1#(或 2#)的机组扭矩接口航空插头即可进行扭矩测量。

⑫转速表 1#、2#：将转速表(1#、2#)的机组接口航空插头(7 芯)接至机组 1#(或 2#、3#、4#)的机组转速接口航空插头即可进行转速测量。

⑬三相组式变压器：按需接入变压器实验电路中使用。

⑭三相芯式变压器：按需接入变压器实验电路中使用。

⑮三相电抗器：按需接入电路中使用。

⑯直流稳压电源：将电枢电源的电枢电压输出(250 V/20 A)接线端子 V_1+、V_1- 按需接至需要提供电枢电源的电路中，将励磁电源 1#(250 V/3 A)或励磁电源 2#(150 V/5 A)励磁电压输出的接线端子 V_2+、V_2-(或 V_3+、V_3-)按需接至需要提供励磁电源的电路中，合上电枢电源开关、励磁电源 1#(或励磁电源 2#)电源开关，如此即可对外输出直流稳压电源。

⑰机组 1#、2#：将机组 1#、2# 的机组扭矩接口航空插头(5 芯)接至扭矩表的扭矩输出航空插头，将机组 1#、2# 的机组转速接口航空插头(7 芯)接至转速表 1# 或 2# 的机组接口航空插头，直流电机的电枢绕组按需接好，直流电机的励磁绕组按需接好，三相异步电机按需接好线。

⑱机组 3#、4#：将机组 3#、4# 的机组转速接口航空插头(7 芯)接至转速表 1# 或 2# 的机组接口航空插头，直流电机的电枢绕组按需接好，直流电机的励磁绕组按需接好，三相异步电机、三相同步发电机按需接好线。

⑲可调电阻 1#：按需接入，即可对外提供 0～900 Ω 内可调的电阻。

⑳可调电阻 2#：按需接入，即可对外提供 0～90 Ω 内可调的电阻。

㉑三相可调电阻负载：将三相可调电阻负载的接线端子 R、S、T 按需接入，即可通过电阻切换开关切换 0～3 挡位(即投入不同的电阻负载，分别为 6 Ω、3 Ω、1 Ω、0 Ω)。

㉒单相可调电阻负载：将单相可调电阻负载的接线端子 A7、B7 按需接入，即可对外提供 0～300 Ω 内可调的电阻。

㉓1、2、3、4 是三相变压器的独立接线孔。1、2 数字孔为变压器原边线圈(220 V)，3、4 孔为副边线圈(55 V 或 110 V)。

㉔调压器黑色标记左旋到位时，输出电压最小(0 V)，向右旋转到底输出电压是最大值。

㉕所有电阻器左旋到位时，接入的电阻是最小值(0 Ω)。

㉖交流电压、电流测试点和直流电压、电流测试点都是用万用表可检测的信号插孔，测得的结果可与面板上的显示仪表读数进行比较，也可与液晶显示的读数进行比较。

（2）智能安全配电管理系统。

参见《智能安全配电管理系统使用手册》。

3. 各元器件操作使用方法

（1）工控一体机。

1）一体机后视图（见图1-25）。

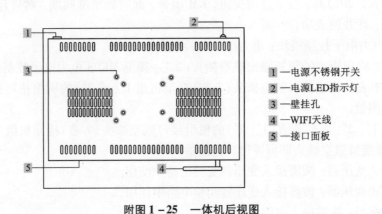

1—电源不锈钢开关
2—电源LED指示灯
3—壁挂孔
4—WIFI天线
5—接口面板

附图1-25　一体机后视图

2）保养及维护。

①电源线必须保持接触良好，避免松动、打火、电压忽高忽低。

②机器关机请关闭当前程序，然后依次单击"开始""关机"，待显示"无信号"后，再关闭交流电源开关。

③按电源开关关机后，如需再次开机则至少等5秒钟后再操作，且机体的开关会对机器产生一定的伤害，影响使用寿命，请避免频繁开关机操作。

④关机后若长时间不用，最好切断外部总电源（关闭电源插座或拔出电源插头）。

⑤雷雨天气时，建议不要使用机器，且最好把电源线、网线全部拔下来，防止雷击。

⑥U盘、移动硬盘等外部存储设备使用完毕后，请按正确操作流程退出设备后再拔出。

⑦如无绝对的把握，请勿随意添加、删除、更改电脑系统文件和设置。

⑧如无特殊需求或绝对把握，请勿用第三方软件对系统进行修复操作。

⑨机器进行清洁时，请先拔出电源插头，然后将清洁液喷涂到柔软的布料上再去擦拭，要特别注意不可用太湿的抹布，防止机器内部进水。

⑩如果光线太过明亮，甚至有光线直射，则一方面会影响触摸一体机的视觉传达，另一方面会损伤屏幕电子元件。

⑪机器所处的环境湿度要适宜，电子设备过于湿润只会影响电路情况，引发问题。

3）常见故障排除。

当触摸电脑一体机出现故障，请先按以下方法一一排除，若排除无效，请及时致电我们，我们将为您安排返厂保修。

※ 触摸屏无响应的用户,请检查以下三点:

①有可能触摸屏的 USB 数据线连线松动,请检查连线。

②有可能没有安装触摸屏驱动程序,需重新安装触摸屏驱动程序。

③有可能触摸屏驱动程序不兼容,请安装正确的触摸屏驱动程序。

※ 触摸响应时间过长的用户,请检查以下两点:

①CPU 被程序占用或进程太多,请关闭不用的程序或任务管理器结束不用的进程。

②屏幕上有杂物,触摸屏响应杂物的操作,尝试清洁触摸屏表面。

※ 触摸屏不准的用户,请检查以下两点:

①触摸屏用较长时间后,里边的气体漏出,导致自身环境改变,需重新调整校正。

②触摸屏表面有杂物,尝试把杂物都清除。

※ 触摸屏定位不准,请按以下操作:

触摸屏采用台湾主控芯片,配合 eGalaxTouch 软件进行设置。长按屏幕即是右键,调节长按时长,关闭蜂鸣器声音,都可以用 eGalaxTouch 进行设置。

解决方法:打开定位软件,双击 eGalaxTouch 软件,如附图 1 - 26 所示,可以设置 4 点定位(普通情况即可校验准确)、9 点定位和 25 点定位(针对部分区域漂移,四边准确定位而中间定位不准的情况)。

4)远程服务,在线教学。

远程控制软件见附图 1 - 27。使用方法:首先需要将一体机连接上网络,然后双击桌面上该文件,打开后如附图 1 - 27 所示。

附图 1 - 26 双击 eGalaxTouch

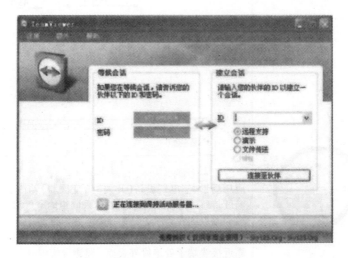

附图 1 - 27 远程控制软件

（2）三相电源指示（YDH30P）。

1）安装与尺寸说明（见附表1-25）。

附表1-25　安装与尺寸说明

型号	图片	尺寸图（单位：mm，公差：±0.5）
探测器主机：YDH30P		 安装方式为盘面安装，先用①导轨固定，接线完毕可安装②保护盖防止触电
配套漏电流互感器：ZCT63		
温度传感器：YDH-PT1000		 应用场景1：电气设备（开关柜、变压器）箱内、箱体温度监测；将温度传感器悬置于柜（箱）内，采取柜内空气温度，监测柜体温度，按测温点配置需求，配置一个温度传感器。 应用场景2：开关柜引出导线温度监测；将温度传感器固定于导线靠近接线端子处绝缘外表面，监测导线温升。 应用场景3：电缆温度监测；将温度传感器接压接在电缆的绝缘外表面，监测电缆过流运行温升。

2）显示及操作说明（见附图1–28）。

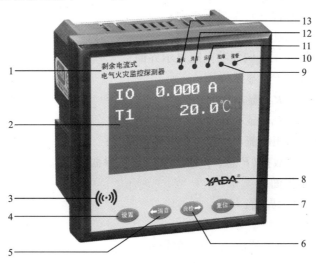

附图1–28　显示

1—产品名称及类型：剩余电流式电气火灾监控探测器。

2—显示画面：显示剩余电流、温度等电参数。

3—蜂鸣器：用于提示和报警。

4—设置键：测量界面短按此键是进入菜单设置界面；菜单界面短按此键是退出菜单；数据设置界面短按此键是退出保存数据。

5—消音键：测量界面长按此键为消音功能；菜单界面短按此键是上翻菜单；数据设置界面短按此键是修改数据位+1。

6—自检键：测量界面长按此键为自检功能；菜单界面短按此键是下翻菜单；数据设置界面短按此键是修改数据位–1。

7—复位键：测量界面长按此键为复位功能；菜单设置短按此键进入数据设置界面，数据设置界面短按此键移动修改位。

8—产品商标：产品品牌及注册商标内容。

9—故障指示灯：检测到剩余电流互感器短路或开路时，故障灯亮。

10—报警指示灯：有继电器出口，报警灯亮。

11—运行指示灯：上电工作，运行灯闪烁。

12—消音指示灯：检测到消音键按下到2 s以上时灯常亮，报警消除时灯恢复。

13—通信指示灯：当通信有数据交换时灯常亮。

①显示内容。

按上翻键"←"和下翻键"→"进行界面切换

☞三相相电压和平均相电压显示界面；

☞三相相电流和平均相电流显示界面；

☞三相线电压和平均线电压显示界面；

☞三相有功功率和总有功功率显示界面；

☞三相无功功率和总无功功率显示界面；

☞三相视在功率和总视在功率显示界面；

☞三相功率因素和总功率因素显示界面；

☞正反向有功电能和正反向无功电能显示界面；

☞A 相数据（U_A、I_A、P_A）显示界面；

☞B 相数据（U_B、I_B、P_B）显示界面；

☞C 相数据（U_C、I_C、P_C）显示界面；

☞平均相电压、平均相电流、总有功功率显示界面；

☞电网频率、总功率数据（P 总、Q 总、S 总）显示界面；

☞剩余电流流显示界面；

☞温度、DO 状态显示界面；

☞告警信息界面：

告警信息界面 1：剩余电流流、过压、欠压；

告警信息界面 2：、缺相、过流 1、过流 2；

告警信息界面 3：温度、设备故障；

备注：显示画面菜单不可设置。

②事件记录查询。

显示模式下按"设置"键进入事件记录查询界面。按"复位"进入最近发生的记录，按"←"或"→"键进行不同事件记录的切换，按"复位"键进入记录时刻的状态查询。

③如何编程。

a. 进入、退出编程模式。

在显示模式下按"设置"键进入编程模式，在编程模式下再按"设置"键退出设置模式。

进入编程模式后，按"复位"键，在"设定密码"画面输入密码 2000，按"←"或"→"键进行数字递增或递减，按"复位"键切换设定的数字位，当密码设定好 2000 后再按"复位"键多次，让数字位右移直到显示"密码正确"，表示进入编程模式成功，此时可以更改编程模式上的参数。

b. 测量系统设定。

在测量系统设定模式下，按"复位"，预置的线制闪动，按"←"和"→"键在"三相四线""三相四线平衡""一相三线""三相三线平衡""三相三线""一相二线"之间选择你所需的数值，选定后按"复位"键确认，使预置线制在闪动，然后按"设置"键退出。

c. 保护参数设定。

(a)漏电流设定（阈值；延时）；

(b)温度 1 设定（阈值；延时）；

(c)温度 2 设定（阈值；延时）；

(d)温度 3 设定（阈值；延时）；

(e)过压设定（阈值；延时）；

(f)欠压设定（阈值；延时）；

(g)缺相设定（阈值；延时）；

(h)过流 1 设定（阈值；延时）；

（i）过流 2 设定（阈值；延时）；

（j）继电器保持时间设定（K_1）；

（k）DO（告警）关联配置设定。

d. PT、CT 变比设定。

在变比设定模式下，按"←"和"→"键进行 PT、CT 设定切换。

在 PT 设定界面下，按"复位"键一次，PT 左边第一位数值闪动，再按"复位"键一次，PT 左边第二位数值闪动，如此循环，再用"←"和"→"键进行变比数值设定。

在 CT 设定界面下，按"复位"键一次，CT 左边第一位数值闪动，再按"复位"键一次，CT 左边第二位数值闪动，如此循环，再用"←"和"→"键进行变比数值设定。

⑤通信参数设定。

在通信参数设定模式下，按"←"或"→"键进行地址、波特率、校验位的设定切换。

在地址设定界面下，按"复位"键一次，地址左边第一位数值闪动，再按"复位"一次，地址左边第二位数值闪动，如此循环，再用"←"和"→"键进行变比数值设定。

在波特率设定模式下，按"复位"键，预置的波特率闪动，按"←"和"→"键在"1200""2400""4800""9600""19200"之间选择你所需的数值，选定后按"复位"键确认。

在校验位设定模式下，按"复位"键，预置的校验位闪动，按"←"和"→"键在"无校验""奇校验""偶校验"之间选择你所需的数值，选定后按"复位"键确认。

a. 时间设定。

在"年月"设定界面下，按"复位"键一次，"年"第三位数值闪动，再按"复位"键一次，"年"第四位数值闪动，再按"复位"键一次，"月"第一位数值闪动，再按"复位"键一次，"月"第二位数值闪动，如此循环，再用"←"和"→"键进行变比数值设定。

"日时""分秒"设定界面同上。

b. 电能清零。

在"确定"闪烁时，按"复位"键进行清零。

（3）三相调压器。

1）使用说明。

如附图 1-29 所示，逆时针旋转（左旋）三相调压器（3 kW），电压值逐渐减小到 0 V，顺时针旋转（右旋）三相调压器（3 kW），电压值逐渐增大到 430 V。

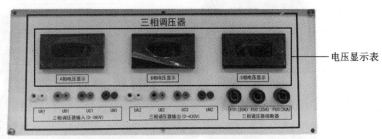

附图 1-29 三相调压器

电压显示表使用说明参见"3.6 交流电压表（$1^\#$、$2^\#$、$3^\#$）"使用方法。

（4）直流电压表（1#、2#、3#）。

1）面板及按键说明。

①未开盖（见附图 1 – 30）。

电压显示：
用于显示当前直流电
压值，单位：伏特（V）

仪表类型：
直流电压表标注为V

附图 1 – 30　未开盖

②开盖（见附图 1 – 31）。

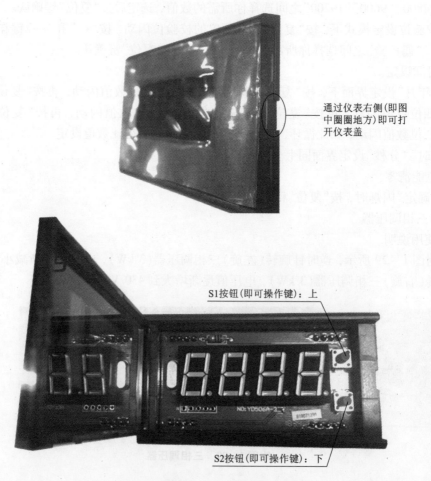

通过仪表右侧（即图
中圈圈地方）即可打
开仪表盖

S1按钮（即可操作键）：上

S2按钮（即可操作键）：下

附图 1 – 31　开盖

2)菜单说明(见附表1-26)。

附表1-26　菜单说明

显示字符	对应定义	数值范围
PASS	精度调节	0~9999
bAUd	波特率	1200、2400、4800、9600、192-(19200)
diSP	显示数值	0~9999
Addr	本机地址	1~32
SAuE	保存退出	
E	不保存退出	
dEСi	小数点位置	

可操作键有上键、下键和同时按上下键。

同时按上下键进入调试程序主菜单,显示 PASS(调试密码),按动上键或下键菜单依次循环显示,同时按上下键进入需要设定的菜单,详细说明如下:

■ 精度调节(PASS):显示精度调整,修改精度时需要相应的密码,出厂已调节好,无须用户调整。

■ 波特率(bAUd):闪动显示当前设置波特率(1200~19200),按动上键或下键更改数值。

■ 显示数值(diSP):显示 0000(若已调整小数点显示位则相应位置显示小数点),同时修改位闪动,按动上键修改位加1,按动下键修改位向左移动一位,如此循环,调至所需数值(显示数值对应满输入时应显示数值,例:输入 DC100 V,可设置显示为 100.0)。

■ 本机地址(Addr):闪动显示本机地址,按动上键或下键调整相应数值(1~32)。

■ 小数点位置(DECi):显示当前小数点位置,按动上键或下键可移动小数点位置。

■ 当显示 SAVE 时,同时按上下键保存所做的修改后退出。当显示 E 时同时按上下键忽略修改直接退出。

3)接线图(见附图1-32)。

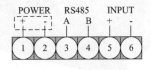

附图1-32　接线图

(5)直流电流表(1#、2#、3#)。

面板及按键说明。

①未开盖(见附图1-33)。

电流显示：
用于显示当前
直流电流值，
单位：安培（A）

仪表类型：直流
电流表标注为A

附图1-33 未开盖

②接线方法（见附图1-34）。

电流表分流器接线图

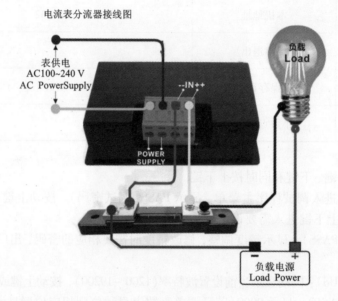

表供电
AC100~240 V
AC PowerSupply

--IN++

负载
Load

POWER
SUPPLY

负载电源
Load Power

附图1-34 接线方法

（6）交流电压表（1#、2#、3#）。

1）面板及按键说明。

①未开盖（见附图1-35）。

电压显示：
用于显示当前交流电
压值，单位：伏特（V）

仪表类型：
交流电压表标注为V

附图1-35 未开盖

②开盖。

仪表开盖方法同"3.4 直流电压表（1#、2#、3#）"。

2)菜单说明(见附表1-27)。

附表1-27 菜单说明

显示字符	对应定义	数值范围
PASS	调试密码	0~9999
bAUd	波特率	1200/2400/4800/9600/19200
dISP	显示变比	1~9999
Addr	本机地址	1~32
SAvE	保存退出	
E	不保存直接退出	

可操作键有上键、下键和同时按上下键。

同时按上下键进入调试程序主菜单,LED 显示 PASS(调试密码),按动下键依次循环显示 PASS(调试密码)、bAUd(波特率)、PtCt(变比)、Addr(地址)、SAvE(保存退出)、E(不保存直接退出),按动上键反向循环显示,同时按上下键到需要设定菜单,以下每项当调整到所需数值时,同时按上下键退回到主菜单,详细说明如下:

■ 本机地址(Addr):LED 闪动显示本机地址,按动上键或下键更改数值,调至相应数值(1~32)。

■ 波特率(bAUd):LED 闪动显示当前设置波特率(1200~19200),按动上键或下键更改数值。

■ 变比(PtCt):LED 显示当前变比,同时修改位闪动,按动上键修改位加1,按动下键修改位向左移动一位,如此循环,调至实际变比值。(例:使用 100 A/5 A 互感器,可设置显示变比为20。)

■ 调试密码(PASS):厂内保留。

■ 当显示 SAvE 时,同时按上下键保存所做的修改后退出。当显示 E 时,同时按上下键忽略修改直接退出。

■ 说明:在任何一级菜单下,按键后,无操作时间大于60秒系统将自动退出设置菜单。

3)接线图(见附图1-36)。

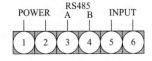

附图1-36 接线图

(7)交流电流表(1#、2#、3#)。

面板及按键说明。

①未开盖(见附图1-37)。

电流显示:
用于显示当前交流电流值,单位:安培(A)

仪表类型:
交流电流表标注为A

附图 1-37 未开盖

②开盖。

仪表开盖、按键操作、菜单显示、接线方法同"3.6 交流电压表($1^\#$、$2^\#$、$3^\#$)"。

(8)功率表($1^\#$、$2^\#$)。

1)面板及按键说明(见附图 1-38)。

产品名称及类型:
智能电力测控仪

Intelligentized Power Meter

显示画面:
显示各项交流电参量

按键:说明如下

I   V/F   P/PF   E

附图 1-38 面板

I 键:电流显示画面按键,返回选择菜单的上一级菜单层面,并记录保存所选定的内容,退出菜单。

V/F 键:电压/频率显示页面。设置菜单中移至选择菜单相邻的另一个项目或键入数值时作为递增的功能。

P/PF 键:功率/功率因素显示页面。设置菜单层中向下移至选择菜单相邻的另一个项目或键入数值时作为递减的功能。

E 键:切换显示电能数据,进入下一级菜单或键入数值时作为移动光标位置的功能。

2)菜单说明(见附表 1-28)。

附表 1-28 菜单说明

显示字符	对应定义	数值范围
Addr	本机地址	1~32
bAUd	波特率	1200/2400/4800/9600
Pt	电压变比	1~9999

续附表 1 - 28

显示字符	对应定义	数值范围
Ct	电流变比	1 ~ 9999
r1En	继电器 1 输出选择	S_H（视在功率上限）、q_H（无功功率上限）、P_H（有功功率上限）、F_H（频率上限）、I_H（电流上限）、U_H（电压上限） S_L（视在功率下限）、q_L（无功功率下限）、P_L（有功功率下限）、F_L（频率下限）、I_L（电流下限）、U_L（电压下限）、od 遥控输出
r1NU	继电器 1 输出阈值	0 ~ 9999（不带变比）
r_rE	动作回差	0 ~ 99（不带变比）
r2En	继电器 2 输出选择	S_H（视在功率上限）、q_H（无功功率上限）、P_H（有功功率上限）、F_H（频率上限）、I_H（电流上限）、U_H（电压上限） S_L（视在功率下限）、q_L（无功功率下限）、P_L（有功功率下限）、F_L（频率下限）、I_L（电流下限）、U_L（电压下限）、od 遥控输出
r2NU	继电器 2 输出阈值	0 ~ 9999（不带变比）
dS_b	背光亮度	0 ~ 5

3）菜单显示（见附图 1 - 39）。

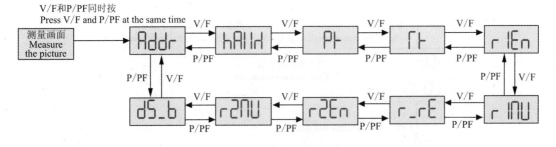

附图 1 - 39　菜单显示

同时按 V/F 和 P/PF 键进入用户设置菜单，第一行显示 Addr（地址菜单），按动 V/F 键上翻菜单，按动 P/PF 键下翻菜单，按动 E 键进入所选菜单修改参数，第二行显示参数数值，其中修改位闪动，按动 E 键闪动位左移一位，按动 V/F 键，当前闪动位数值加 1，按动 P/PF 键，当前闪动位数值减 1，调至相应数值后按 I 键保存修改退出。在任何一级菜单下，无操作时间大于 60 s 系统都将自动退出设置菜单。如附图 1 - 40 所示。

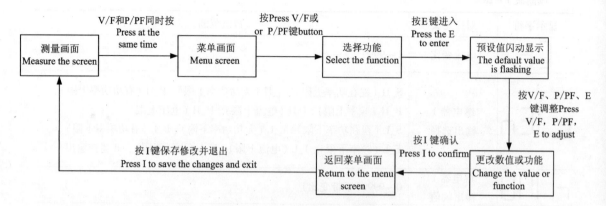

附图 1-40 功率表 V/P 键操作

举例：把电流变比从 1 改为 10 的操作，如附图 1-41 所示。

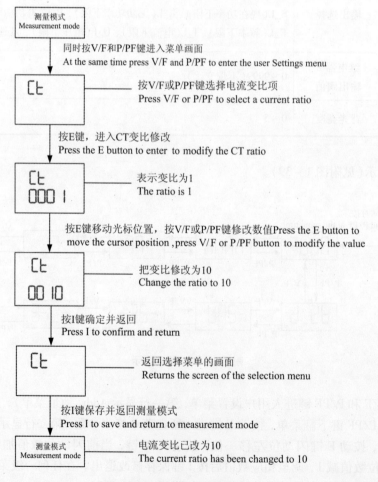

附图 1-41 操作流程

4）接线说明（见附图1-42、附表1-29）

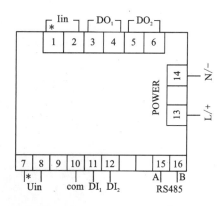

附图1-42　接线图

注：接线端子脚位根据选型不同有所增减，应以实际的产品为准。

附表1-29　接线说明

端子号	符号	说明	建议用线径面积/mm²
1	Iin *	电流输入	<2.5（单芯线）
2	Iin	电流输出	<2.5（单芯线）
3,4	DO1	开关量输出1	<2.5（单芯线）
5,6	DO2	开关量输出2	<2.5（单芯线）
7	Uin *	电压输入	<2.5（单芯线）
8	Uin	电压零线	<2.5（单芯线）
10	com	开关量输入公共端（N零线）	<2.5（单芯线）
11,12	DI1,DI2	开关量1、2输入（L火线）	<2.5（单芯线）
13,14	POWER	工作电源	<2.5（单芯线）
15,16	A,B	RS485通信接口	<2.5（单芯线）

（9）交流电表。

1）面板及按键说明（见附图1-43）。

（I◀）键：电流显示画面按键，返回选择菜单的上一级菜单层面，并记录保存所选定的内容。

（U/F▲）键：电压/频率显示页面。设置菜单中移至选择菜单相邻的另一个项目或键入数值时作为递增的功能。

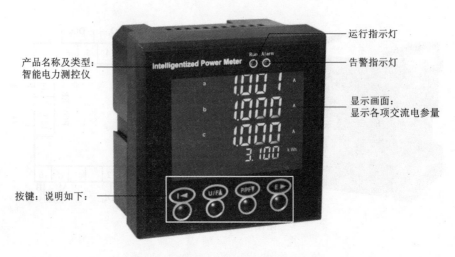

产品名称及类型：
智能电力测控仪

运行指示灯

告警指示灯

显示画面：
显示各项交流电参量

按键：说明如下：

附图 1-43　面板

$\overset{P/PF}{\blacktriangledown}$键：功率/功率因素显示页面。设置菜单层中向下移至选择菜单相邻的另一个项目或键入数值时作为递减的功能。

$\overset{E}{\blacktriangleright}$键：进入/退出设置菜单，进入下一级菜单或键入数值时作为移动光标位置的功能。

2）菜单说明（见附表 1-30）。

附表 1-30　菜单说明

显示字符	对应定义	数值范围
Pt	电压变比	1～9999
Ct	电流变比	1～9999
Id	本机地址	1～247
bPS	波特率	1200, 2400, 4800, 9600, 19200
SYSt	接线方式	3P4L, 3P4L(BAL), 3P3L、3P3L(BA L), 1P2L, 1P3L
light	背光亮度	0(最暗), 1, 2, 3, 4, 5, 6, 7(最亮)
rEU	软件版本号	

3）按键设置。

①按"$\overset{}{\blacktriangleleft}$"键，将显示三相电流值。

②按"$\overset{U/F}{\blacktriangle}$"键多次，将分别在相电压、线电压及频率功率因素显示画面之间切换。

③按"$\overset{P/PF}{\blacktriangledown}$"键多次，将分别在各相及总的有功功率、无功功率、视在功率、功率因素画

面之间切换。

④按"E▶"键，将在四象限电能之间切换。

⑤长按"E▶"键，将进入设置菜单。在设置菜单界面中长按则将退出菜单。

（10）扭矩表。

1）面板及按键说明（见附图1−44、附表1−31）。

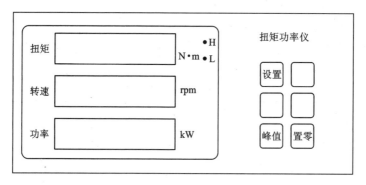

附图1−44 面板

附表1−31 按键说明

名称（针对数码管的仪表）		说明
显示窗	①测量值 第一显示窗	• 显示扭矩测量值 • 在参数设置状态下，显示参数符号、参数数值 • 末位小数点闪烁表示峰值显示状态
显示窗	②测量值 第二显示窗	• 显示转速测量值 • 在参数设置状态下，不显示
显示窗	③测量值 第三显示窗	• 显示功率测量值 • 在参数设置状态下，不显示
	④指示灯	• 扭矩报警点的报警状态以及显示峰值标志
操作键	"设置"键	• 测量状态下，按住2秒钟以上不松开则进入设置状态 • 在设置状态下，按一次会显示下一个参数，同时存入上一个参数。
	"◀"移位键	• 在测量状态下无效 • 在设置状态下：①调出原有参数值 　　　　　　　　　②移动修改位
	"▲"增加键	• 在测量状态下无效 • 在设置状态下增加参数数值或改变设置类型
	"▼"减小键	• 在测量状态下无效 • 在设置状态下减小参数数值或改变设置类型

2）仪表参数设置方法。

①按住"设置"键2 s以上不松开，将进入设置状态，仪表显示第1个参数的符号。

②"设置"键可以顺序选择其他参数。

③按"◄"键调出当前参数的原设定值，闪烁位为修正位。

④按"◄"键移动修改位，按"▲"键增加闪烁位的值，按"▼"键减小闪烁位的值，将参数修改为需要的值。

⑤按"设置"键存入修改好的参数，并转到下一参数。若为最后1个参数，则按"设置"键退出设置状态。

重复②~⑤步，可设置其他参数。

带打印的仪表，当需要调整内部时钟时，需要将0A1设为02222后，才可以看到时钟参数，并可以设置时钟参数，在退出参数后，密码会自动回零。

3）仪表参数一览表（见附表1-32）。

附表1-32　仪表参数一览表

参数代码	取值范围	说明
0A	0~99999	不用设置
0A1	0~99999	不用设置
FLtr	0~72	出厂：设为00006；扭矩测量波动大时，适当加大设置值。该设置值越大，显示刷新速度会越慢
in-d	0~4	此参数只针对扭矩，设为1表示保留一位小数，设为0表示不保留小数
Lc	256~99999	扭矩显示量程
Fd	1~36	出厂：5 此参数有助于显示稳定，定义为：当仪表判断测量稳定后，显示出实际值，而后测量值波动不大于此参数设置值时，显示保持不变
tr-d	0~10	出厂：10 当扭矩测量值低于此设定值，且至少稳定1 s以上，测量值会被自动清零
in-d1	0~1	此参数只针对转速，设为1表示保留一位小数，设为0表示不保留小数
Lc1	0~10000	设为3000表示转速0~3000转，对应变送输出：4~20 mA
PULSE	1~2000	出厂：00060
1-1	0~1	设为0，表示扭矩为正负方向显示；设为1，表示扭矩为绝对值显示
ADD	1~99	出厂：00001；和计算机通信时的仪表通信地址
bsH	0~99999	扭矩变送输出量程设置 注：当显示值为绝对值时，变送也为绝对值，扭矩为0时，输出变送下限值；当显示为正反向显示时，测量显示为零时，对应输出量程的中间点

续附表 1 – 32

参数代码	取值范围	说明
ALSd	0 ~ 3	设为 0：报警输出不锁定； 设为 1：报警输出锁定，报警后只能通过面板"置零"键解除报警
AL1	– 19999 ~ 99999	根据客户需要设定，对应面板 AL1 指示灯
AL1F	0 ~ 1	出厂设为：0 设为 0 表示上限报警(高于设定值报警)； 设为 1 表示下限报警(低于设定值报警)； 设为 2，绝对值上限报警(测量值的绝对值大于设定值时报警)； 设为 3，绝对值下限报警(测量值的绝对值低于设定值时报警) 注：当设为绝对值报警方式时，参数 AL1 应设为正值
AL1HC	0 ~ 20000	退出报警状态与进入报警状态时的差值设为 0 无回差功能
AL1YS	0 ~ 20.0 秒	显示值报警时，经过此设定延时以后，继电器才输出，退出报警时此延时同样起作用。设为 0.0 时，无报警延时功能。此设定值只针对报警 1
AL2	– 19999 ~ 99999	根据客户需要设定，对应面板 AL2 指示灯
AL2F	0 ~ 1	出厂设为：1 设为 0 表示上限报警(高于设定值报警)； 设为 1 表示下限报警(低于设定值报警)； 设为 2，绝对值上限报警(测量值的绝对值大于设定值时报警)； 设为 3，绝对值下限报警(测量值的绝对值低于设定值时报警) 注：当设为绝对值报警方式时，参数 AL2 应设为正值
AL2HC	0 ~ 20000	退出报警状态与进入报警状态时的差值设为 0 无回差功能
AL2YS	0 ~ 20.0 s	显示值报警时，经过此设定延时以后，继电器才输出，退出报警时此延时同样起作用。设为 0.0 时，无报警延时功能。此设定值针对报警 2
HZ – L	0 ~ 99999 Hz	扭矩负量程对应的频率值，出厂 05000 Hz
HZ – H	0 ~ 99999	扭矩正量程对应的频率值，出厂 15000 Hz
HZ – 0	0 ~ 99999	扭矩零点对应的频率值，出厂 10000 Hz
L0 – HZ	0 ~ 99999	面板一键清零时的频率值，当进行面板清零操作时，清零时刻的频率值自动存入该参数，通过查看该参数，可以知道传感器的实际零点频率值
P – H	0 ~ 24	仪表自动打印时，打印间隔小时的设置
P – F	0 ~ 59	仪表自动打印时，打印间隔分钟的设置
t – y	00 ~ 99	当时钟不准时调整(此参数及以后的参数受密码保护)
t – n	1 ~ 12	当时钟不准时调整
t – d	1 ~ 31	当时钟不准时调整
t – H	0 ~ 23	当时钟不准时调整
t – F	0 ~ 59	当时钟不准时调整

4)功能操作。

①扭矩值清零：按住"置零"键不松开，直到扭矩显示为零。该功能用于清除传感器的零点漂移，以达到最佳的检测效果。

②扭矩峰值显示：按一下"峰值"键，扭矩显示窗口显示峰值时，末尾数字闪烁。再按一下"峰值"键，扭矩窗口还原为实时扭矩测量值。当进行过扭矩清零操作后，或断电后峰值回零。

③带打印的仪表，在测量状态下，任意时刻按一下"▲"键，仪表会向串口打印机发送一次打印命令；当仪表刚上电时，仪表会在测控延时一段时间（约10秒）后，自动进行一次打印操作，并以本次操作时间为基准，根据用户设定的打印间隔，周期性进行打印。

一般情况下，打印机占用仪表的通信口，没有特殊要求，打印功能和通信口是二者选其一。

打印内容格式如附图1-45所示。

附图1-45 打印内容格式

5)接线说明（见附图1-46）。

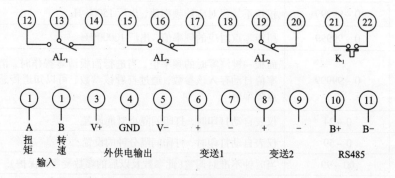

附图1-46 接线说明

(11)转速表(1#、2#)。

1)面板说明（见附图1-47）。

附图 1 –47　转速表(1[#]、2[#])面板

①PV：计数值/参数显示；

②＜：设定数字移位键；

③∧：设定数字增加键；

④SET：设置键；

⑤OUT1：输出 OUT1 指示灯；

⑥OUT2：输出 OUT2 指示灯。

2）操作说明(见附图 1 –48)。

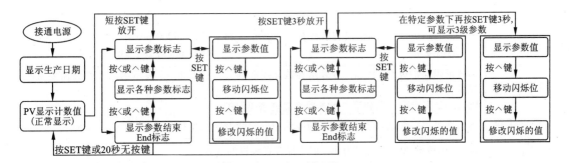

附图 1 –48　操作说明

3）参数表。

①短按"SET"键松开，显示参数如附表 1 –33 所示。

附表 1 –33

符号	功能	符号	功能
P50000	参数保护，设置 PSLE –2 时会出现此功能，需要输入正确的密码才能修改下面的参数，操作密码：8327。	oUt–1L oUt–1H oUt–2L oUt–2H	继电器(OUT₁)动作区间设定标志；当设置 oUtn –1 为编号 11 时，会出现这 2 个参数； 继电器(OUT₂)动作区间设定标志；当设置 oUtn –2 为编号 11 时，会出现这 2 个参数； 如果设定"L"值小于"H"值时为区间动作，那么继电器在两个设定值之间动作输出；如果设定"L"值大于"H"值时为触发动作，测量值大于"L"值时继电器触发吸合，测量值小于"H"值时继电器释放
oUt––1	继电器(OUT₁)动作设定值。		
oUt––2	继电器(OUT₂)动作设定值。		
End	退出(不按键20 s后也可退出，但不保存在编辑的参数)		

②长按"SET"键3 s，显示参数如附表1-34所示。

附表1-34　显示参数

符号	功能	符号	功能
P50000	参数保护，设置 PSLE >1 时会出现此功能，需要输入正确的密码才能修改下面的参数，操作密码：3688		
P-CoEF	脉冲当量倍率：脉冲当量倍率值范围为0.001~999.999	------	设定小数点位置：看到的小数点位置就是设定的小数点位置，小数点作装饰作用不参与运算
SP---H SP---L	速度模式：SP—表示高速模式有平滑滤波（采样时间0.3S） SP—L 表示低速模式无平滑滤波（采样时间6S）	oUtn-1 oUtn-2	继电器输出方式：OUT1 编号为01、07、11；OUT2 编号为01、07、11（模拟量为08、09）
LC-10U	模拟输出量程设定：输出10 V 或20 mA 时的对应的转速值，这个参数只有带模拟量的仪表才有		
rULE-H	通信协议	bPS-HH	通信波特率选择：192：19200 bit/s；96：9600 bit/s；48：4800 bit/s；24：2400 bit/s；
rULE-H	通信地址	通信仪表所特有。	
PSLE-X	参数密码保护级别：PSLE-0 表示参数无须密码保护；PSLE-1 表示第二类参数需要密码保护； PSLE-2 表示第一类和第二类参数都需要密码保护		
HF--PA	参数恢复出厂默认状态，所有参数变为出厂时的设置，需要输入操作密码：3688		
End	退出（不按键20 s 后也可退出，但不保存在编辑的参数）		

③在特定参数标志下再按"SET"键3 s，可以显示3级参数（模拟量输出的特有参数），如附表1-35所示。

附表1-35　显示3级参数

在 oUtn-2 标志下按 SET 键3 s		在 LC-10U 标志下按 SET 键3秒
HP-XXX	PID 参数的比例项 Kp	模拟量输出校准： 进入到这个参数中时，仪表会在0~10 V 输出端子上输出一个9.50 V 左右的电压，仪表显示 U-09.50，这时用万用表测量输出的电压准确值，把这个准确的电压值输入到 U-XX. XX 中（比如这时测得的电压是9.62 V，那么就把 U-09.50 改成 U-09.62），再按 SET 键确认 0-XX. XX 为4 mA 输出校准值，A-XX, XX 为20 mA 输出校准值
Pi-XXX	PID 参数的积分项 Ki	U-XX.XX o-XX.XX A-XX.XX
Pd-XXX	PID 参数的微分项 Kd	
brP	退出 PID 参数设置	

4)测速工作模式。

本转速表与旋转编码器连接,测速模式如附图1-49所示。

测速条件:CP下降沿时D/I无输入时,转速为正转;D/I有输入时,转速为反转。

与编码器连接高精度测量转速,自动判别正倒转。

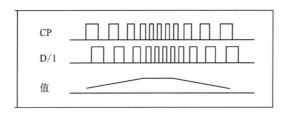

附图1-49 测速模式

5)接线图与端子说明(见附图1-50)

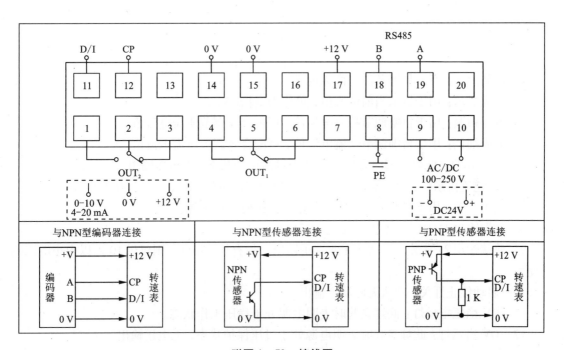

附图1-50 接线图

端子说明:

①端子8为地线端(PE),当仪表在干扰较强的场合工作时请将地线与大地连接;

②端子17为输出电源端,输出+12 V/200 mA供传感器使用;

③端子14和15为公共端,也是输出电源的0 V端;

④端子12为CP,是测速脉冲输入;

⑤端子11为D/I,是辨别转速方向脉冲,如不需要辨别方向,可以不接;

⑥端子18和19为RS485通信端子,为型号ZNZS2-XXXX-M485所特有,用于

MODBUS 协议的 RS485 通信。

（12）直流稳压电源（250 V/20 A）电枢电源。

1）各部分名称及功能。

①前面板（见附图 1-51）。

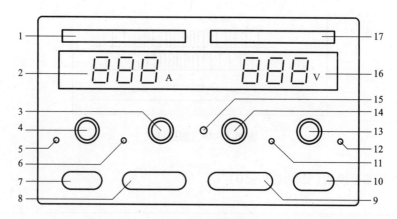

附图 1-51　前面板

1—产品商标：产品品牌及注册商标内容。

2—电流显示：用于显示当前电流值，单位为安培（A）。

3—电流粗调：用于粗略调节稳流电流值，可配合④调节所需电流值。

4—电流细调：用于精细调节稳流电流值，可配合③调节所需电流值。

5—0T 指示灯：此灯亮起时表明电源处于过温保护状态，无电压输出。

6—CC 稳流指示灯：此灯亮起时表明电源处于稳流工作状态，电压输出受电流控制。

7—电源开关：用于打开或关闭电源，过压保护时重启电源。

8—前端输出 1：未定义，默认无此端子输出。

9—前端输出 2：未定义，默认无此端子输出。如有加该端子，则仅供 10 A 以内小电流测试使用。

10—启动停止开关：默认无此端子输出。

11—CV 稳压指示灯：此灯亮起时表明电源处于稳压工作状态。

12—OV 指示灯：此灯亮起时表明电源处于过压保护状态，无电压输出。

13—电压粗调：用于粗略调节稳压电压值，可配合⑭调节所需电压值。

14—电压细调：用于精细调节稳压电压值，可配合⑬调节所需电压值。

15—过压设置：用于设置过压保护值。此为多圈半可调电位器，需用一字小螺丝刀调节。

16—电压显示：用于显示当前电压值，单位为伏特（V）。

17—电源型号：产品类型及型号内容。

②后面板（见附图 1-52）。

18—正极接线柱：电源输出的正极。

19—负极接线柱：电源输出的负极。

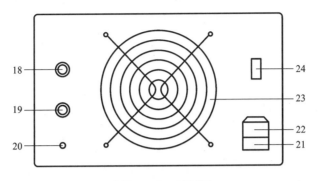

附图 1 - 52　后面板

20—接地端子：与电源的外壳相连，安全地线端子。

21—保险丝：电源保险丝。更换保险丝须拔掉插头，用一字螺丝刀撬出。

22—电源输入插座：与附带的电源线连接，接通电源。

23—散热风扇：用于电源风冷散热。智能温控风扇，当机内温度大于40℃，风扇开始旋转散热；当机内温度低于35℃时，风扇停止旋转。

24—输入电压切换：AC115 V/230 V 输入电压切换，默认不带此切换开关。默认输入电压 220 V。

2）使用说明。

①通电前的准备。

a.确认输入电压是否在标准范围之内，带切换的电源请确认切换电压是否正确，否则可能导致本电源损坏。

b.电源四周至少要留有 10 cm 以上的散热空间，工作环境温度不能高于40℃，湿度小于80%，不能用于有酸碱气体、粉尘超标的场所。防止在日晒、雨淋、剧烈震动的场所使用。

c.输入电源线径要足够，加装控制开关是有必要的，以便不用时彻底关断电源输入。

d.在进行精确测量时，本电源须预热 10 min，可外接更高精度的万用表进行测量。

e.连接好电源线，打开电源开关 7。此时 C. C. 或 C. V. 指示灯亮起，LED 有数字显示。

②稳压设定。

a.将电流粗调 3、电流细调 4 旋钮顺时针调至最大。

b.调节电压粗调 13、电压细调 14 旋钮调至所需要的电压值，连接负载至输出端子正极 18 和输出端子负极 19，即可正常使用。

c.稳压使用时，稳压指示灯 C. V. 要亮起，即电压恒定，电流随负载的变化而变化。

d.注意：负载电流必须在额定输出电流以内，否则会转为稳流状态，造成 C. C. 指示灯 6 亮起，输出电压降低，出现电压不稳定的情况。

③稳流设定。

a.预设电压，调节电压粗调 13 和电压细调 14 旋钮调至所需的电压值。

b.将电流粗调 3 和电流细调 4 旋钮逆时针调至最小，此时 C. C. 指示灯亮，电压降为 0 V。

c.接上负载，顺时针调节电流粗调 3 和电流细调 4 旋钮至所需的电流值。

d.稳流使用时，C. C. 指示灯 6 应亮起，即电流恒定，电压随负载的变化而变化。

e.注意：如果稳流指示灯 C.C. 在调节电流的过程中转到稳压指示灯 C.V.，则表明电源工作未在稳流状态，此时应采取加大负载或减小稳流值或提高电压设定值等措施，让 C.C. 指示灯亮起，让电源工作处于稳流状态。

④保护设定。

a.过压保护设定。

先将电流粗调 3 旋钮顺时针调至最大，调节电压粗调 13 和电压细调 14 旋钮至所需保护的电压值，然后逆时针慢慢调小过压调节 15 半可调电位器，直至电源刚好保护，此时 0 V 过压指示灯 12 亮起，电源停止输出。关闭电源开关 7，逆时针调小电压粗调 13 和电压细调 14 旋钮，约 2 s 后电源关闭，LED 无数字显示，再次打开电源开关 7，此时电源启动，稳压指示灯 C.V.亮起，调节电压至所需值，连接负载即可使用。注：输出电压必须低于过压保护设定值，电源启动才能有电压输出。

b.过压保护解除。

当电源处于过压保护，0 V 指示灯 12 亮起时，表明电源处于过压保护状态，此时电源停止输出。解除过压保护方式：顺时针把过压设置旋钮调至最大，关闭电源开关，约 2 s 后电源关闭，0 V 指示灯 12 熄灭，LED 无显示，重新打开电源开关 7，此时指示灯转换到 C.C. 指示灯 6 或者 C.V. 指示灯 11，然后按正常程序操作即可。过压保护电位器约有 32 圈，当每转一圈就发出"嗒"的一下响声时，则已调至最大或者最小。机器出厂时已调至最大，用不到过压保护时，可以不用调节。

⑤注意事项。

a.电源输出电压必须低于过压保护的设定值才能启动电源，电源才有输出电压。

b.输入与输出的线径要足够，以免因大电流发热而发生意外。定期检查接线端子是否旋紧，以免因接线端子松动，接触电阻较大发热而损坏端子。

c.本电源采用智能风扇，当机内温度高于 40℃时，风扇开始旋转散热；当电源内温度低于 35℃时，风扇停止转动；当机内温度高于 70℃时，电源过温保护，电源将停止输出；当机内温度低于 65℃时，电源自动恢复输出。

d.本电源开机有 2～3 s 的缓冲，关机有 1～2 s 的延迟。不可频繁打开或关闭电源，时间间隔至少要 10 s，以免降低电源使用寿命。

e.为减小纹波系数以及出于用电安全考虑，请将正极接线柱 18 或负极接线柱 19 中的任意 1 个与接地端子⑳可靠连接。

f.本电源可多台并联或串联使用，详情请咨询客户服务中心：1800 2600 269。

3）日常维护。

①保险丝的代换：如遇到保险丝烧断，须查明原因，方可用相同容量保险丝替换。保险管位于后面板的电源输入接口的下部，须拔出电源线用螺丝刀撬出更换。

②定期对电源除尘，可用干布擦拭外壳，不可采用有机溶剂擦拭。电源内部采用高压干燥空气从通风孔吹入除尘，不可拆开外壳清洁，以免发生意外。

③如长时间不用本电源，须将插头拔下，彻底切断电源，放置于干燥、通风、避免阳光直射处，每隔六个月通电 30 min 以上，给电源内部电容赋能处理。

④本电源内部有高压线路，非专业维修人员严禁打开外壳进行操作，以免发生触电事故。

4)常见故障与排除。

附表1-36　常见故障与排除

故障现象	可能原因	排除方法
1.无电	1.保险丝熔断	1.按"①保险丝的代换"排除故障
	2.输入电源线开路	2.检查修复输入线路问题
	3.插头松动	3.插紧插头
2.无电压输出	1.过压保护	1.按"②过压保护解除"解除
	2.稳流设置到最小	2.调节旋钮③至中间或最大位置
	3.过温保护	3.关闭电源等电源冷却再开机
3.电源不停重启	1.过温保护	1.改善电源工作环境
	2.风扇不转	2.风扇卡住或损坏,导致散热不良

注:如按上述检测仍无法排除故障,请尽快与厂家联系解决问题。

(13)直流稳压励磁电源1#(250 V/3 A)、2#(150 V/5 A)。

1)各部分名称及功能(见附图1-53)。

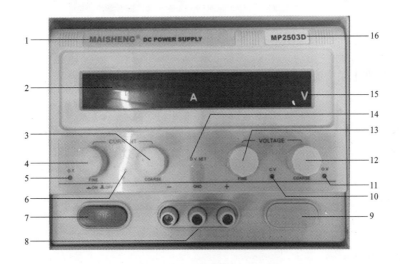

附图1-53　直流稳压励磁电源

1—产品商标和电源型号:产品品牌及注册商标内容和产品类型。

2—电流显示:用于显示当前电流值,单位为安培(A)。

3—电流粗调:用于粗略调节稳流电流值,可配合④调节所需电流值。

4—电流细调:用于精细调节稳流电流值,可配合③调节所需电流值。

5—OT指示灯:此灯亮起时表明电源处于过温保护状态,无电压输出。

6—CC稳流指示灯:此灯亮起时表明电源处于稳流工作状态,电压输出受电流控制。

7—电源开关:用于打开或关闭电源,过压保护时重启电源。

8—测试端子:仅供10 A以内小电流测试使用。

9—启动停止开关:默认无此端子输出。

10—CV 稳压指示灯：此灯亮起时表明电源处于稳压工作状态。

11—OV 指示灯：此灯亮起时表明电源处于过压保护状态，无电压输出。

12—电压粗调：用于粗略调节稳压电压值，可配合⑬调节所需电压值。

13—电压细调：用于精细调节稳压电压值，可配合⑫调节所需电压值。

14—过压设置：用于设置过压保护值。此为多圈半可调电位器，需用一字小螺丝刀调节。

15—电压显示：用于显示当前电压值，单位为伏特（V）。

16—产品型号：产品型号内容，MP2503D 表示 250 V/3 A，MP1505D 表示 150 V/5 A。

2）使用说明。

①参考"3.12 直流稳压电源（250 V/20 A）电枢电源"使用说明。

②与直流稳压电源（250 V/20 A）电枢电源不同之处。

a. 直流稳压电源（250 V/3 A 或 150 V/5 A）励磁电源提供小电流测试端子，可用于测试 10 A 以内的电流，当电源电流小于 1 A 时，自动切换毫安显示。

附图 1-54

②可多台电源并联增流、串联增压使用，满足多种使用需求。

附图 1-55

（14）可调电阻 1#。

1）使用说明（见附图 1-56）。

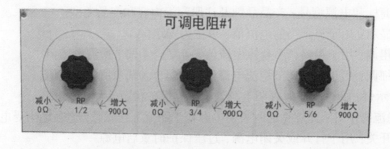

附图 1-56　可调电阻 1# 使用说明

　　如附图 1 - 56 所示，逆时针旋转可调电阻 1#，电阻值逐渐减小到 0 Ω；顺时针旋转可调电阻 1#，电阻值逐渐增大到 900 Ω。

　　2）面板接线图（见附图 1 - 57）。

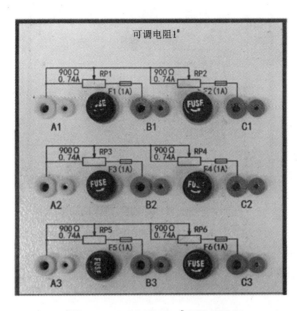

附图 1 - 57　可调电阻 1#面板接线图

　　(15)可调电阻 2#。

　　1）使用说明（见附图 1 - 58）。

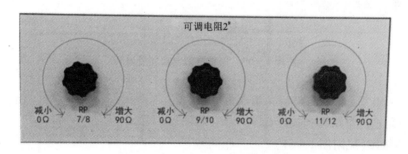

附图 1 - 58　可调电阻 2#使用说明

　　如附图 1 - 58 所示，逆时针旋转可调电阻 2#，电阻值逐渐减小到 0 Ω；顺时针旋转可调电阻 2#，电阻值逐渐增大到 90 Ω。

　　2）面板接线图（见附图 1 - 59）。

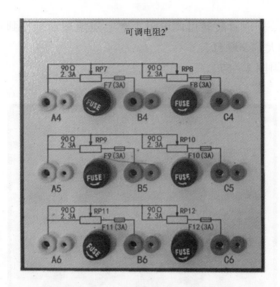

附图 1 - 59   可调电阻 2# 面板接线图

(16)单相可调电阻。

1)使用说明(见附图 1 - 60)。

附图 1 - 60   单相可调电阻使用说明

如附图 1 - 60 所示,逆时针旋转单相可调电阻,电阻值逐渐减小到 0 Ω;顺时针旋转单相可调电阻,电阻值逐渐增大到 300 Ω。

2)面板接线图(见附图 1 - 61)。

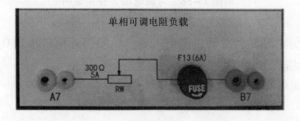

附图 1 - 61   单相可调电阻面板接线图

（17）三相可调电阻负载。

1）使用说明（见附图1－62）。

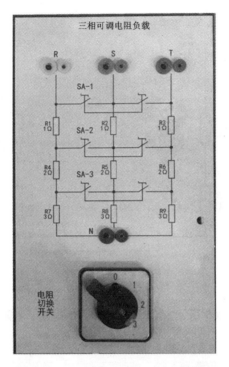

附图1－62 三相可调电阻负载使用说明

①R、S、T接线端子：R、S、T端子按需接入实验电路中。

②电阻切换开关挡位说明。

a.0挡：接线如下，接入 $R_1 \sim R_9$ 共9个电阻，电阻值为6 Ω。

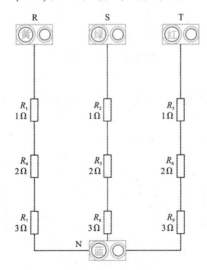

附图1－63 0挡位

b.1 挡：接线如附图 1-64 所示，接入 $R_1 \sim R_6$ 共 6 个电阻，电阻值为 3 Ω。

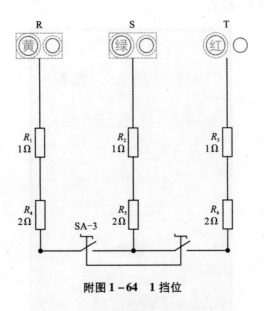

附图 1-64　1 挡位

c.2 挡：接线如附图 1-65 所示，接入 R_1、R_2、R_3 电阻，电阻值为 1 Ω。

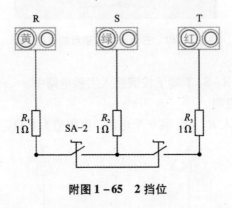

附图 1-65　2 挡位

d.3 挡：接线如附图 1-66 所示，未接入电阻，电阻值为 0 Ω。

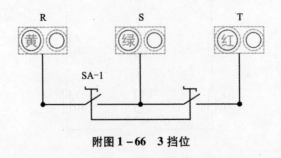

附图 1-66　3 挡位

三、检查与维修

实验设备应定期进行检查，在进行检查工作时，必须确认在已断开电源的情况下，所有的辅助电源均断开且没有再送电的危险，检查方法参见附表 1 - 37。

附表 1 - 37　检查方法

检查部位	检查项目	检查方法	检查周期			判定标准
			日常	1 年	3 年	
外表	外观检查	目视		√		应无锈蚀，变色脱漆
内部各螺丝	各螺丝的松动，特别注意接线螺丝	目视，触觉及用螺丝刀检查拧紧	√	√		应无异常，保证接触可靠、牢固
箱内	柜内部一般检查			√		应无锈蚀、变色、污染，无灰尘及其他异物
箱内电器件及配线	配线及电器零部件	目视，触觉	√	√		接线端子处，配线应无过热变色痕迹或损伤，配线符号标记等不得脱落，电器件应牢固

四、相关注意事项

(1)在老师的指导下进行实验。

(2)系统通电后，身体的任何部位都不要进入系统运动可达范围之内。

(3)实验中，请按照本实验指导书进行操作，以防发生意外。

(4)实验完成后按下"停止"按钮，使电机停止运行，并关闭总电源。

(5)实验中注意用电安全，如遇紧急情况立即按下"急停"按钮，切断电源。

(6)通电时和电源切断后的一段时间内，实验设备可能出现高温，请勿用手触摸，以免受伤。

(7)请勿弄错端子连接，错误的电压或电源极性可能会损坏设备或造成其他事故。

电力电子实验所需装置介绍

一、THMDK-3 型电力传动开放式综合实验平台装置交/直流电源操作说明

实验中开启及关闭电源都须在实验平台上操作，开启三相交流电源的步骤为：

（1）将实验平台的电源线接入对应的三相电源，开启电源前，要检查平台上"稳压直流电源"开关和"散热风扇"开关都必须在关断的位置；还要检查实验平台桌面左端安装的调压器旋钮必须在零位，即必须将它向逆时针方向旋转到底。

（2）检查无误后，合上实验平台左侧端面上的三相带漏电保护的空气开关（电源总开关），此时实验平台的控制部分、平台上的侧面电源插座及单项固定 220 V 电源输出端都将得电。"停止"按钮指示灯亮，表示实验装置的进线接到电源，但还不能输出电压。此时在电源输出端进行实验电路接线操作是安全的。

（3）按下"启动"按钮，"启动"按钮指示灯亮，表示三相交流调压的输入端 U_1、V_1、W_1、N_1 插孔已经接入到三相交流电网，三相交流调压电源输出插孔 U、V、W、N 上都已接电。实验电路所需的不同大小的交流电压，都可适当旋转调压器旋钮用导线从三相四线制插孔中取得。输出线电压为 0～450 V（可调），由实验平台铝面板上的交流电压表指示，通过切换开关可观察三相各相间的电压。当电压表下面的"电压指示切换"开关拨向"三相电网电压"时，它指示三相电网进线的相电压；当"电压指示切换"开关拨向"三相调压电压"时，它指示三相四线制插孔 U、V、W 输出端的相电压。

（4）实验中如果需要改接线路，必须按下"停止"按钮以切断交流电源，保证实验操作安全。实验完毕，还需切断"电源总开关"，并将实验平台桌面左端安装的调压器旋钮调回到零位，并将稳压直流电源的开关拨回到关断位置。

二、直流电源的操作

（1）开启总电源开关。

（2）打开稳压直流电源开关，调节电压调节电位器，实验平台桌面上对应的端口即有电压输出。以下试验中所提到"30 A 直流电源"指"300 V/30 A 直流稳压电源"，"直流电源（一）"指"300 V/3 A 直流稳压电源（一）"，"直流电源（二）"指"300 V/3 A 直流稳压电源（二）"，见附图 2-1。

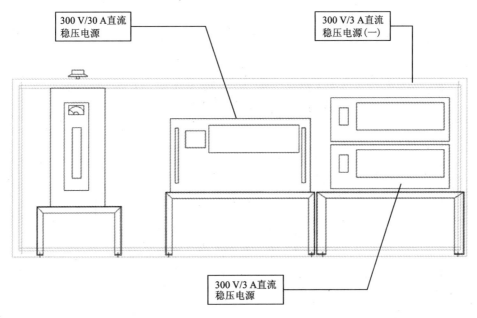

附图 2 − 1　直流稳压电源平面图

右侧平台扭矩测量仪 NC − 4 位置如附图 2 − 2 所示。

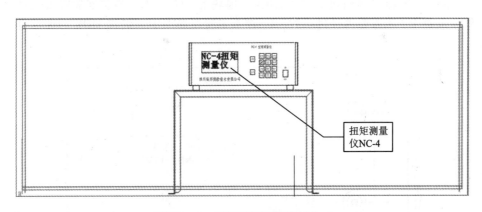

附图 2 − 2　调节扭矩测量仪 NC − 4

三、模块外部接线

1. TC787 触发电路模块接线示意图(见附图 2 − 3)

端口 n 一般不接。U_{ct} 为移相控制电压,在电力电子实验中,一般接 MDK − 08 组件上给定 U_g,转速单闭环中接调节器 Ⅰ 端口 8,电流单闭环、双闭环、逻辑无环流中接调节器 Ⅱ 端口 10。VT * 的端口根据实验需要选择接线,对应功放电路模块 Ⅰ、Ⅱ、Ⅲ。

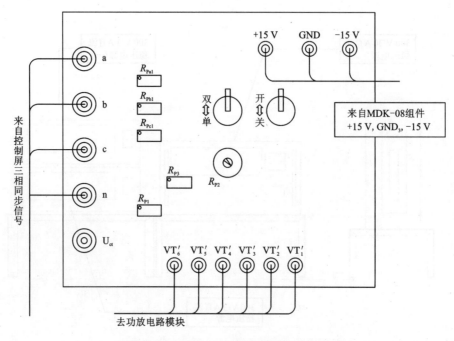

附图 2-3　TC787 触发电路模块接线示意图

2. TCA785 晶闸管触发电路模块（见附图 2-4）

端口 a、x 对应接到"单相同步信号变压器"模块上。G*、K* 根据实验需要选择对应接到晶闸管主电路中，不需要再经过功放。U_{ct} 在本实验指导书中一般接 MDK-08 组件上的给定 U_g。

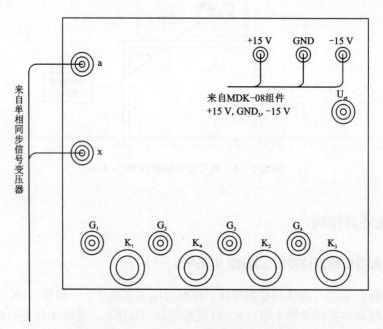

附图 2-4　TCA785 晶闸管触发电路模块

3. 功放电路（见附图 2 - 5）

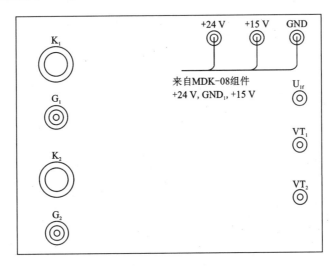

附图 2 - 5　功放电路

功放电路模块 Ⅰ、Ⅱ、Ⅲ接线区别不大，下面以功放电路模块 Ⅰ 为例。

端口 G、K 根据实验需要对应接到晶闸管主电路中。U_{lf}短接到本模块端口 GND 中，否则功放电路不工作。VT * 对应接到 TC787 触发电路模块。低压电源从 MDK - 08 组件获取。

在"逻辑无环流双闭环"实验中，有六路功放模块，正桥三组 U_{lf}接"逻辑控制"模块端口 U_{lf}，反桥三组 U_{lf}接"逻辑控制"端口 U_{lr}。

4. 电流反馈与过流保护模块（见附图 2 - 6）

此模块一般在"电流单闭环""转速电流双闭环""逻辑无环流"中使用。

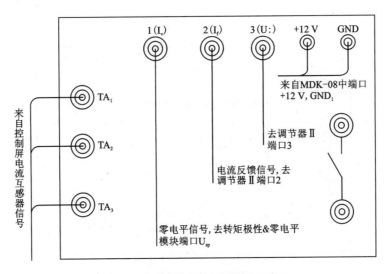

附图 2 - 6　电流反馈与过流保护模块

5. 调节器 I（见附图 2 - 7）

端口 3，4 接转速反馈或者电压反馈，端口 5 接输入电压，一般接 MDK - 08 组件给定 Ug。

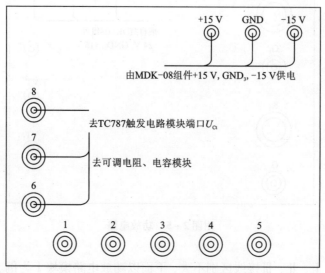

附图 2 - 7　调节器 I

6. 调节器 II（见附图 2 - 8）

端口 2 接电流反馈与过流保护模块(I_f)，端口 3 接电压反馈与过流保护模块(U_β)；端口 4、6 接输入电压，一般接 MDK - 08 组件给定 U_g 和调节器 I 端口 8。

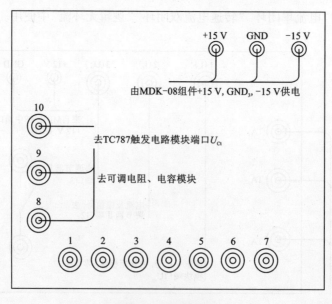

附图 2 - 8　调节器 II

端口5高电平时，封锁端口4的输入；端口7高电平时，封锁端口6的输入。低电平时导通。连接逻辑控制模块的 U_f 和 U_z。

7. 直流电压传感器模块(见附图2-9)

左边两个端口上接三相整流输出负极，下接正极。端口 +15 V、GND、-15 V 连接 MDK-08 组件中的端口 +15 V、GND_1、-15 V。+OUT 和 -OUT 根据实验要求接调节器 I 的端口3和端口4。+OUT 接端口3是正反馈；-OUT 接端口4是负反馈。

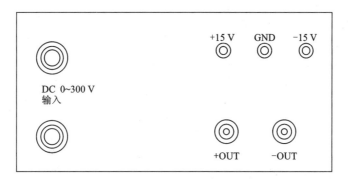

附图2-9　直流电压传感器模块

8. 转矩极性 & 零电平模块(见附图2-10)

端口1(U_{sr})为转矩极性检测，接调节器 I 的端口8；端口2(U_m)为输出端，对应接到逻辑控制模块；端口1(U_{sp})为零电平检测，接电流反馈与过流保护模块端口1(I_0)；端口2(U_I)为输出端；端口 +15 V、GND、-15 V 连接 MDK-08 组件中的端口 +15 V、GND_1、-15 V。

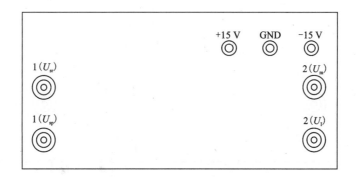

附图2-10　转矩极性 & 零电平模块

9. 逻辑控制模块(见附图2-11)

端口 U_m 和 U_I 对应接到转矩极性和零电平模块；端口 U_z 接调节器Ⅱ的端口5；端口 U_f 接调节器Ⅱ的端口7。逻辑控制中，功放电路模块 U_{lf} 不接 GND，靠逻辑控制模块进行封锁与导通。逻辑控制模块 U_{lf} 封锁正桥功放电路 U_{lf}，端口 U_{lr} 封锁反桥。

正桥功放电路的端口 U_{lf} 要短接在一起，反桥功放电路的端口 U_{lr} 也要短接在一起。

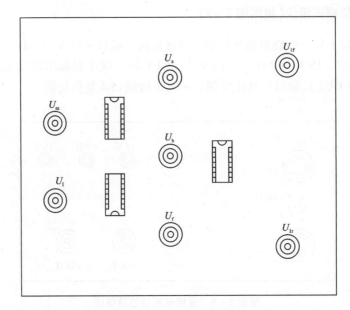

附图 2 – 11　逻辑控制模块

10. 反号器（见附图 2 – 12）

端口 1 接调节器 I 的输出端口 8；端口 2 为输出端，去接调节器 II 的输入端口 6。端口 +15 V、GND、–15 V 连接 MDK – 08 组件中的端口 +15 V、GND_1、–15 V。

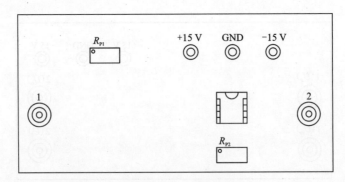

附图 2 – 12　反号器

11. 可调电阻、电容模块（见附图 2 – 13）

电容是并联的，电阻是串联的，总电容值和总电阻值都是相加的。根据实验需要，选择挡位，将电阻和电容串联接入调节器 I 的端口 6 和端口 7，或者接入调节器 II 的端口 8 和端口 9。

在本实验指导书中，经过无数次调试，一般选择电阻 30 kΩ，而电容则全部加上去，实验效果最佳。

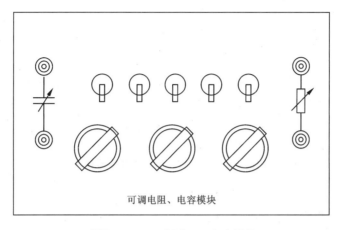

附图 2 - 13　可调电阻、电容模块

12. 三相不控整流模块(见附图 2 - 14)

按照黄红绿的顺序输入三相电压 U、V、W，三相不控整流上端输出正的直流电，下端输出负的直流电。

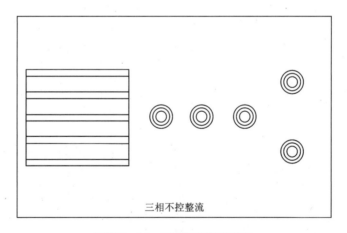

附图 2 - 14　三相不控整流模块

13. 单相同步信号变压器模块(见附图 2 - 15)

输出端口 L 一般接三相调压输出的端口 U_1，N 接 N。端口 a、x 对应接到 TCA785 模块中。

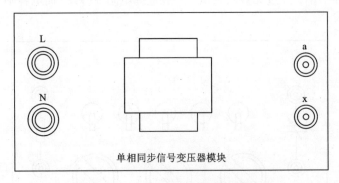

单相同步信号变压器模块

附图 2 – 15　单相同步信号变压器模块

14. 晶闸管主电路模块

晶闸管主电路模块就是将六只晶闸管的端口 G、K、A 印引出，实验人员可根据实验原理图进行接线，无须过多阐述，图略。

附录 3

各模块及各实验的详细接线图

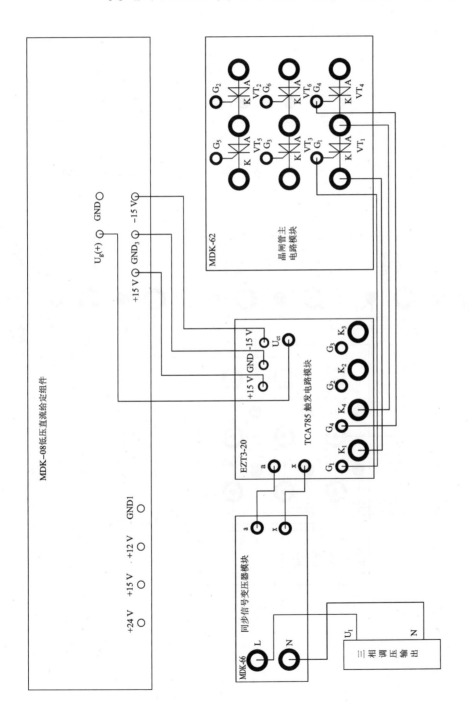

附图3-1 TCA785触发电路接线图

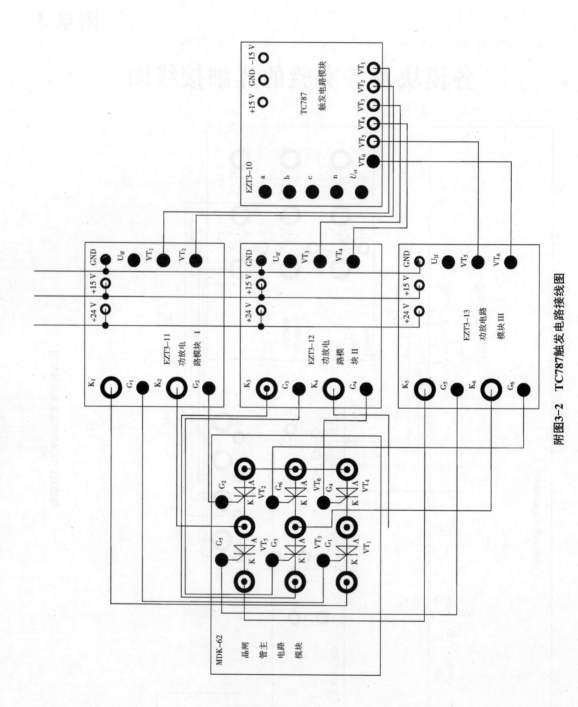

附图3-2 TC787触发电路接线图

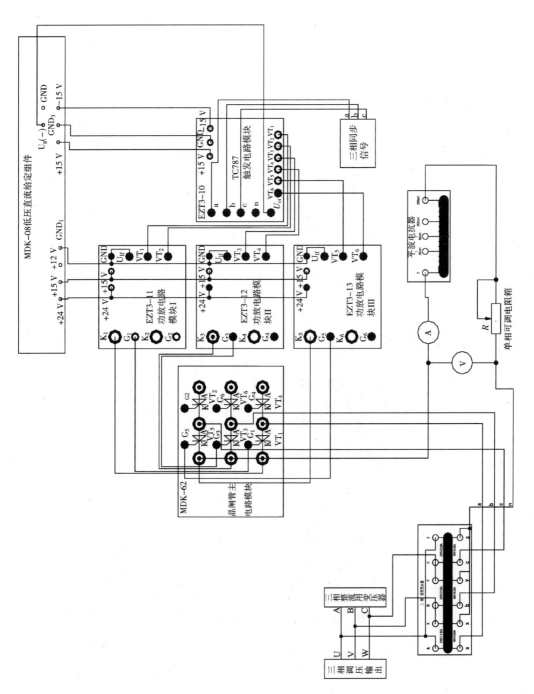

附图3-3 三相半波整流电路接线图

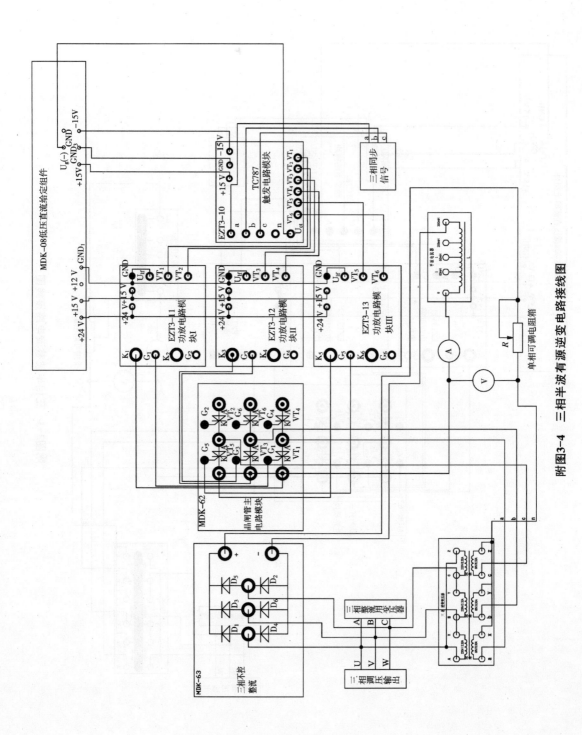

附图3-4 三相半波有源逆变电路接线图

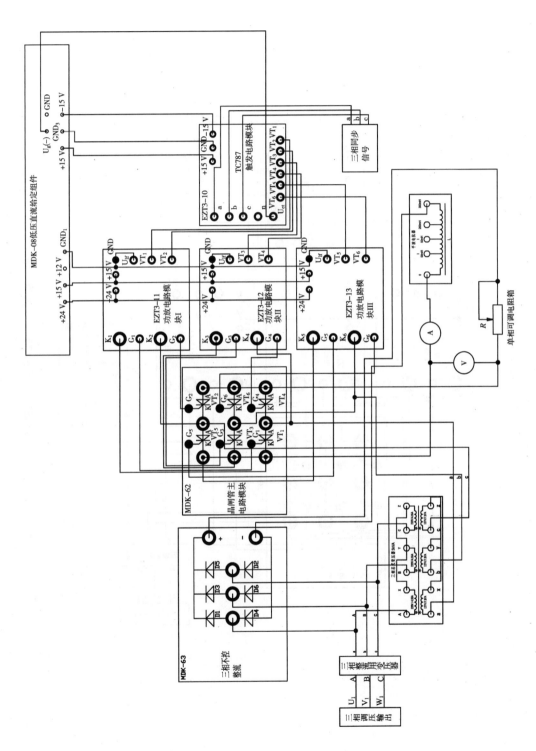

附图3-5 三相桥式有源逆变电路接线图

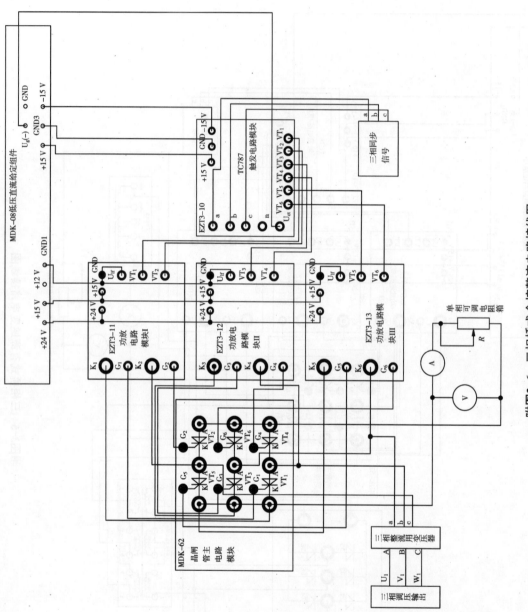

附图3-6 三相桥式全控整流电路接线图

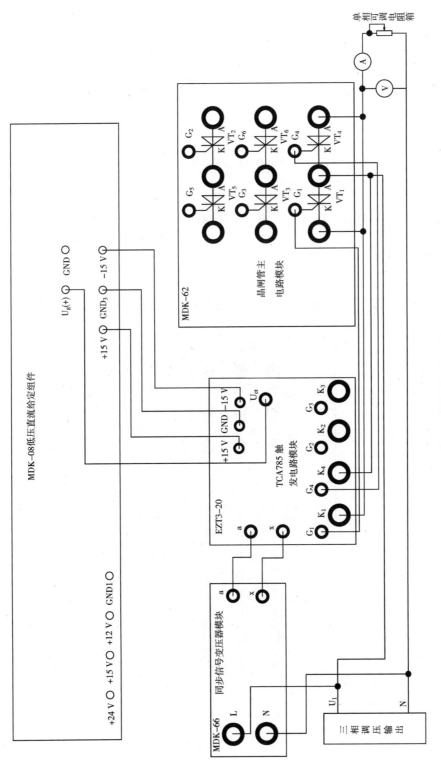

附图3-7 单相交流调压电路接线图

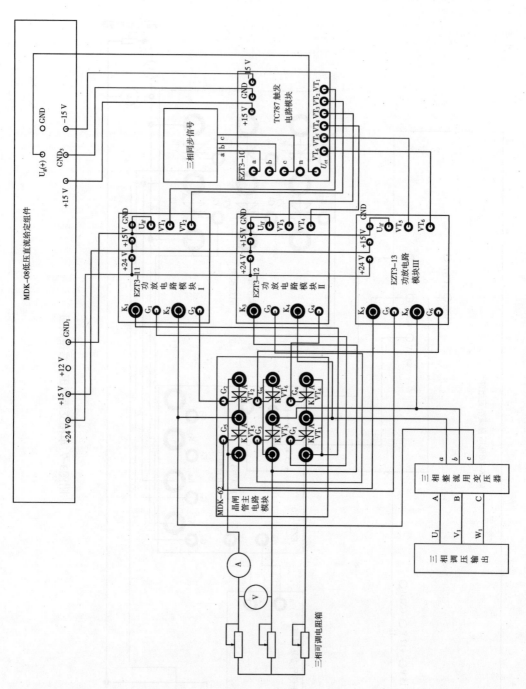

附图3-8 三相交流调压接线图

附表 3 - 1　各种整流电路的性能比较

整流主电路	单相半波	单相双半波	单相半控桥	单相全控桥	晶闸管在负载侧单相桥式	三相半波相控	三相半控桥	三相全控桥
主电路接线方式								
控制角 $\alpha=0°$ 时，空载直流输出电压平均值 U_{d0}	$0.45U_2$	$0.9U_2$	$0.9U_2$	$0.9U_2$	$0.9U_2$	$1.17U_{2p}$	$2.34U_{2p}$	$2.34U_{2p}$
控制角 $\alpha=0°$ 时空载输出直流电压平均值 —— 电阻负载或电感负载有续流二极管情况	$U_{d0}(1+\cos\alpha)/2$	同左侧	$U_{d0}(1+\cos\alpha)/2$	同左侧	同左侧	当 $0\leqslant\alpha\leqslant\pi/6$ 时为 $U_{d0}\cos\alpha$；当 $\pi/6<\alpha<5\pi/6$ 时为 $0.577U_{d0}[1+\cos(\alpha+\pi/6)]$	$\dfrac{U_{d0}(1+\cos\alpha)}{2}$	当 $0\leqslant\alpha\leqslant\pi/3$ 时为 $U_{d0}\cos\alpha$；当 $\pi/3<\alpha\leqslant2\pi/3$ 时为 $U_{d0}[1+\cos(\alpha+\pi/3)]$
控制角 $\alpha=0°$ 时空载输出直流电压平均值 —— 电阻+无限大电感情况	—	$U_{d0}\cos\alpha$	$U_{d0}(1+\cos\alpha)/2$	$U_{d0}\cos\alpha$	—	$U_{d0}\cos\alpha$	$\dfrac{U_{d0}(1+\cos\alpha)}{2}$	$U_{d0}\cos\alpha$
$\alpha=0°$ 时输出电压最低脉动频率	f	$2f$	$2f$	$2f$	$2f$	$3f$	$6f$	$6f$

续表附 3-1

整流主电路	单相半波	单相双半波	单相半控桥	单相全控桥	晶闸管在负载侧单相桥式	三相半波相控	三相半控桥	三相全控桥
晶闸管元件承受的最大正向电压	$\sqrt{2}U_2$	$2\sqrt{2}U_2$	$\sqrt{2}U_2$	$\sqrt{2}U_2$	$\sqrt{2}U_2$	$\sqrt{2}U_{2p}$	$\sqrt{6}U_{2p}$	$\sqrt{6}U_{2p}$
晶闸管元件承受的最大反向电压	$\sqrt{2}U_2$	$2\sqrt{2}U_2$	$\sqrt{2}U_2$	$\sqrt{2}U_2$	$\sqrt{2}U_2$	$\sqrt{6}U_{2p}$	$\sqrt{6}U_{2p}$	$\sqrt{6}U_{2p}$
移相范围 纯电阻负载或负载有续流二极管情况	$0\sim\pi$	$0\sim\pi$	$0\sim\pi$	$0\sim\pi$	$0\sim\pi$	$0\sim5\pi/6$	$0\sim\pi$	$0\sim2\pi/3$
移相范围 电阻+无限大电感情况	—	$0\sim\pi/2$	$0\sim\pi$	$0\sim\pi/2$	—	$0\sim\pi/2$	$0\sim\pi$	$0\sim\pi/2$
晶闸管最大导通角	π	π	π	π	π	$2\pi/3$	$2\pi/3$	$2\pi/3$
适用场合	对电压要求不高的低电压小电流负载	因缺点较多使用较少	各项指标较好,适用小功率负载	适用小功率	适用小功率负载,但因电感负载时需加续流二极管	指标一般,但因元件受峰压较大,较小采用	各项指标均较好,高电压负载	各项指标均较好,适用于大功率

参考文献

[1]彭鸿才.电机原理及拖动[M].第 3 版.北京:机械工业出版社,2017

[2]顾绳谷.电机及拖动基础[M].第 5 版.北京:机械工业出版社,2016

[3]张广溢.电机与拖动基础[M].北京:中国电力出版社,2012

[4]陈永校等编.小功率电动机[M].北京:机械工业出版社,2012

[5]史国生.交直流调速系统[M].化学工业出版社,2002

[6]邓星钟.机电传动控制[M].华中科技大学出版社,2001

[7]汤蕴璆.电机学[M].第 5 版.北京:机械工业出版社,2014

[8]辜承林.电机学[M].武汉:华中理工大学出版社,2001

[9]辜承林,机电动力系统分析[M].武汉:华中理工大学出版社,1998

[10]李志民,张遇杰.同步电动机调速系统[M].北京:机械工业出版社,1996

[11]刘锦波,张承慧.电机与拖动[M].北京:清华大学出版社,2006

[12]高景德,王祥珩,李发海.交流电机及其系统的分析[M].北京:清华大学出版社,1993

[13]许大中,贺益康.电机控制[M].第 2 版.杭州:浙江大学出版社,2002

[14]马葆庆,孙庆光.直流电动机动态数学模型[M].电工技术,1997.1

[15]王生.电机与变压器[M].北京:机械工业出版社,1992

[16]郑治同.电机实验[M].第 2 版.北京:机械工业出版社,1992

[17]徐虎.电机原理[M].北京:机械工业出版社,1991

[18]李发海等编.电机学[M].第 2 版.北京:科学出版社,1991

[19]杨渝钦.控制电机[M].北京:机械工业出版社,1991

[20]侯恩奎.电机与拖动[M].北京:机械工业出版社,1991

[21]许实.电机学.修订版(上下)[M].北京:机械工业出版社,1990

[22]杨传箭.电机学[M].北京:中国水利水电出版社,1990

[23]王敏东主编.电机学[M].杭州:浙江大学出版社,1990

[24]任兴权.电力拖动基础.修订版[M].北京:冶金工业出版社,1989

[25]刘宗富.电机学.修订版[M].北京:冶金工业出版社,1986

[26]陈伯时,李发海,王岩.电机与拖动[M].北京:中央广播电视大学出版社,1983

[27]郑朝科,唐顺华.电机学[M].上海:同济大学出版社,1980

图书在版编目（CIP）数据

电机学与电力电子技术实验指导书／黎群辉主编.
—长沙：中南大学出版社，2021.1
　ISBN 978 - 7 - 5487 - 4178 - 7

　Ⅰ.①电… Ⅱ.①黎… Ⅲ.①电机学－实验－高等学
校－教材②电力电子技术－实验－高等学校－教材 Ⅳ.
①TM3 - 33②TM1 - 33

　中国版本图书馆 CIP 数据核字(2020)第 175960 号

电机学与电力电子技术实验指导书
DIANJIXUE YU DIANLI DIANZI JISHU SHIYAN ZHIDAOSHU

主编　黎群辉

□责任编辑	韩　雪	
□责任印制	周　颖	
□出版发行	中南大学出版社	
	社址：长沙市麓山南路	邮编：410083
	发行科电话：0731 - 88876770	传真：0731 - 88710482
□印　　装	长沙印通印刷有限公司	

□开　　本	787 mm×1092 mm　1/16	□印张 14.5	□字数 365 千字	
□版　　次	2021 年 1 月第 1 版	□2021 年 1 月第 1 次印刷		
□书　　号	ISBN 978 - 7 - 5487 - 4178 - 7			
□定　　价	42.00 元			